P. N. Sprengels

Handwerke und Künste in Tabellen.

Mit Kupfern.

Enthält

den Kohlenbrenner, Fischer und Essigbrauer.

Siebzehnte und letzte Sammlung,

nebst einem

Register von den Künsten und Handwerken in allen 17 Sammlungen.

Berlin,

im Verlag der Buchhandlung der Königl. Realschule.

1795.

Vorbericht.

Gegenwärtige siebenzehnte und letzte Sammlung, welche hiermit den Liebhabern des Sprengelschen Werks von den Handwerken und Künsten geliefert wird, enthält noch einige sehr bekannte und gemeinnützige Gegenstände, deren Beschreibung hier nicht überflüßig zu seyn schien.

Man findet nunmehr in diesem Werke fast alle bekannten gewöhnlichen Künste und Handwerke abgehandelt, weshalb es mit dieser Sammlung

lung sehr füglich geschlossen werden konnte.

Zur Erleichterung des Nachschlagens hat man am Schlusse ein Verzeichniß der in dem ganzen Werke enthaltenen Handwerke und Künste in alphabetischer Ordnung angehängt, welches ein allgemeines Wortregister überflüssig macht.

Berlin, im Februar 1795.

Inhalt.

2) Die

Erster Abschnitt.

Der Kohlenbrenner.

Inhalt.

Die Kunst des Kohlenbrennens ist so einfach, daß sie auch wenig oder gar nicht wichtig zu seyn scheinet. Desto wichtiger aber ist das Produkt dieser Kunst. Man kann dreist sagen: die Kohlen gehören zu den ersten, obgleich entfernten Mitteln zur menschlichen Glückseligkeit; und dies wegen der feurigen Wirksamkeit ihrer Bestandtheile. Vom Anker bis zur Stecknadel und vom Friedrichsd'or bis zur kleinsten Scheidemünze zeigt sich ihre Nutzbarkeit. Durch die Kohlen werden in den großen Werkstätten der Kunst die Metalle zubereitet, daß sie den Schweiß, den sie im Schooße der Erden so manchem Arbeiter ausgepreßt haben, lohnen, viele Tausende ernähren, die Wünsche ganzer Völker befriedigen und oft ihr Schicksal entscheiden können. Was würde uns nicht fehlen, wenn keine Kohlen wären oder gemacht würden, und wir die Metalle mit gleichgültigen Augen liegen lassen müßten. Außerdem wird man vielleicht auch hier überzeugt werden, daß es keinen Theil der Naturkunde oder Künste giebt, der nicht verdient untersucht zu werden, und daß uns bey den allermeisten Dingen noch viele Erkenntniß mangelt, und wir bey einiger Prüfung gestehen müssen, unser Wissen sey nur Stückwerk.

I. Von den Kohlen überhaupt.

Kohlen, im allgemeinen Verstande genommen, sind verwandelte oder veränderte Körper, deren Hauptsubstanz brennliche Materie ist. Eine Kohle also ist vor ihrem kohlichten Zustande ein anderer Körper oder ein anderes Wesen gewesen, das durch Natur oder Kunst verwandelt worden ist. Hieraus erhellet, daß es zweyerley Gattungen von Kohlen giebt, natürliche nemlich und künstliche. Diese Abtheilung erhält aber mehrere Genauigkeit und Bestimmtheit, wenn man die natürlichen Kohlen fossilische und die künstlichen vegetabilische nennet. Zu diesen gehören die Holz- und Torfkohlen; zu jenen die Steinkohlen.

1) Die vegetabilischen Kohlen. Diese werden bloß durch die Kunst hervorgebracht, und das Feuer ist das einzige Mittel, dessen sie sich bedienen kann. Die Kunst muß aber auch die Wirksamkeit des Feuers bei den vegetabilischen Körpern, die zu Kohlen gebrannt wer-

werden sollen, mäßigen, sonst werden sie zernichtet und in Asche verwandelt. Denn wir können annehmen, daß alles dasjenige, was die Zerstörung dieser vegetabilischen Körper bewirkt, zugleich die Verflüchtigung und gänzliche Entfernung des in ihnen enthaltenen Brennbaren bewirke. Und in dieser Absicht kennen wir die Wirkungen des Feuers und Wassers, als Zerstörer vegetabilischer Körper, denn sie verwandeln sie in Holzäsche oder Erde. Je mehr sie vom Feuer verzehrt oder vom Wasser aufgelöst werden, desto mehr vermindert sich das Brennbare. Und eben daher sind zu stark gebrannte Kohlen und faules oder durch Wasser und Feuchtigkeiten aufgelösetes Holz weniger feuerhaltig. Die Güte der Kohlen bestehet also in der Menge des in ihnen enthaltenen Brennbaren.

a) Die Holzkohlen. Diese sind unter den vegetabilischen Kohlen die besten. Jedes angezündete, bis auf seinen Mittelpunkt durchgebrannte und dann ausgelöschte Stück Holz stellet eine solche Kohle dar; aber sie verzehret sich sehr geschwind, ohne viel Hitze zu geben, weil das brennliche Wesen zum Theil verflüchtigt ist. Diese Art Kohlen sind die sogenannten Lösch- oder Beckerkohlen, und unterscheiden sich von denen, die besser sind, und die man Meiler- oder Schmiedekohlen nennt.

α) Die Löschkohlen. Wenn in einem Kamin oder Ofen das Holz so weit verbrannt ist, daß es nicht mehr raucht, und man bedeckt es dann mit einer eisernen Glocke, damit die Wirkung der Luft verhindert wird und das Feuer verlöschet; so ist das, was man unter der Glocke findet, Löschkohlen. Die Becker machen auch dergleichen Kohlen, indem sie die Gluth, nachdem sie ihren Ofen geheizt haben, erstikken. Die Art und Weise, Löschkohlen zu machen, kommt also darauf an, daß das Holz bis so weit verbrannt wird, daß es fast gar keinen Rauch mehr von sich giebt; alsdann aber plötzlich die Wirkung der zur Ernährung des Feuers nöthigen Luft verhindert wird, indem man entweder die Gluth mit einer metallenen Glocke bedeckt, oder sie in große blecherne Büchsen schüttet, die man Dampf- oder Löschbüchsen nennet. Hierin erstickt sich das Feuer, und es bleibt ein schwarzes, leichtes, löcherichtes Wesen übrig, das sehr leicht Feuer fängt, und sich sehr geschwind verzehret, aber fast gar keine Flamme und starke Gluth giebt. Auf diese Art kann man sich einen genauen Begriff von derjenigen Art Kohlen machen, die man Braise- oder Löschkohlen nennt. Man sieht ein, daß bey dieser Methode Kohlen zu machen sich zwey Hauptfehler finden, nemlich, man verschwendet viel Holz, um wenige Kohlen zu erhalten, und dann sind diese Kohlen sehr arm an brennlichen Theilen, welches eben verursachet, daß sie so geschwind zu Asche verbrennen, ohne viel Hitze von sich zu geben. Die Kohlenbrenner wen-

den

den vielen Fleiß an, diese Unbequemlichkeit zu vermeiden, wie wir in der Folge sehen werden.

β) Die Meiler- oder Schmiedekohlen. Diese verbreiten, indem sie brennen, einen sehr schädlichen Dampf von sich, der vermögend ist, Thiere zu ersticken, die in einer damit geschwängerten Luft Athem holen. Das Licht verlöschet, oder brennet doch nur sehr schwach, das sich in einer solchen Luft befindet. Dieses ereignet sich nicht eben also bey den Löschkohlen. Es fehlet sehr viel, daß die Dämpfe, die sich von solchen angezündeten Kohlen verbreiten, eben so schädlich seyn sollten, als die von Meilerkohlen. Die Löschkohlen haben solches mit den Meilerkohlen gemein, die wenig Hitze von sich geben; denn sie verbreiten weniger von diesen Dämpfen, als diejenigen, die eine starke Gluth machen. Die schädlichen Eigenschaften der Dämpfe von den Meilerkohlen sind schon seit langer Zeit in der Welt bekannt; denn man weiß, daß der Prokonsul Julian, der Statthalter in Gallien war, in Gefahr gewesen ist, von den Dämpfen solcher Kohlen zu ersticken.

Die Aehnlichkeit der Dämpfe, welche die Meilerkohlen mit denjenigen haben, welche der brennende Schwefel von sich giebt, oder die geistigen Säfte, welche gähren, ausbreiten, beweiset deutlich genug, daß die Meilerkohlen einen großen Ueberfluß von brennlichem Wesen haben. Denn wenn man die

Hitze der Luft, die aus den angezündeten Kohlen entstehet, als die Ursache ansehen wollte, welche das Licht auslöschet und die Thiere erstickt, so würde man eine sehr ungegründete Meinung annehmen. Man kann in einer Hitze der Luft leben, in der das Reaumürsche Thermometer bis auf dreyßig Grad über Null steigt; da hingegen man augenblicklich in einem Zimmer ersticken würde, wo angezündete Schmiedekohlen dasselbe Thermometer nicht stärker als bis auf zwöf oder funfzehn Grad erwärmten. Dieser Ueberfluß des brennlichen Wesens in den Meilerkohlen ist durch die Erzeugung des Schwefels vermittelst des Vitriolsauren, durch die Wiederdarstellung der Metalle aus ihren Kalken u. s. w. leicht zu beweisen. Wenn man noch bemerket, daß der Rauch von brennendem Holze gar nicht so erstickend ist, als der von Kohlen, ungeachtet er in den Augen einen brennenden Schmerz verursacht, so ist dieser Unterschied keiner andern Ursache beyzumessen, als daß das brennliche Wesen, welches sich mit dem Rauche des angezündeten Holzes verflüchtiget, mit viel Wasser und groben öhlichten Theilen vermischt ist, die dessen Wirksamkeit imäßigen. Dahingegen ist das brennliche Wesen in den Meilerkohlen nicht mit einer so großen Menge fremder Theile beschweret, die seine Wirkung schwächen könnten. Unterdessen kann man doch nicht zweifeln, daß der Rauch von angezündetem Holze in der Länge ebenfalls das Ersticken ver-

verursachen würde, wenn er einen gewissen Grad der Dicke erreicht hätte.

aa) Die Veränderung des Holzes beym Verkohlen. Wenn man eine Retorte voll kleiner Stücken Holz anfüllet, und derselben gradweise ein sehr heftiges Feuer giebt; so gehet anfangs eine wässerichte Feuchtigkeit in den Recipienten, die nach und nach gelb wird, weil sich derselben immer mehr ein empyreumatisches Oehl zumischet. Nach dem Maaße, wie man die Destillation fortsetzet, erhebt sich einiger Antheil von Salz; hierauf gehet ein dickes, stinkendes Oehl über; und endlich, nachdem das Holz alles desjenigen beraubt ist, was es in sich hält und hergeben kann, so steigt aus der Retorte gar nichts mehr auf.

Wenn man die Retorte zerschlägt, da sie noch ganz rothglühend ist, so findet man darin eine glühende Kohle, die sich alsobald verzehret. Läßt man aber die Retorte kalt werden, ohne sie zu zerbrechen, so findet man statt des vorhin darin gewesenen Holzes, Kohlen, die man anzünden und damit Feuer unterhalten kann, eben so wie mit den gemeinen Schmiedekohlen. Bey dieser Arbeit hat sich nun folgendes ereignet: anfangs ist fast alle Feuchtigkeit daraus verflüchtigt worden; es ist ferner vermittelst eines heftigern Feuers und der noch übrigen wäßerichten Feuchtigkeit ein Antheil des in dem Holze befindlichen Oels aufgestiegen. Ich sage, daß dieser Antheil von Oel durch Hülfe der wäßrichten Feuchtigkeit und durch die Wirksamkeit des verstärkten Feuers übergegangen ist; weil, sobald die Feuchtigkeit gänzlich herausgetrieben worden, das allerheftigste Feuer nicht vermögend ist, das Phlogiston oder das brennliche Wesen von den Kohlen zu scheiden, indem darin noch allezeit genug davon zurück bleibt, so heftig auch immer das Feuer gewesen ist, wenn nur die Gefäße wohl verschlossen sind. Dies ist so wahr, daß, wenn man mit wohlgebrannten Meilerkohlen eine Retorte füllet, das allerheftigste Feuer nur eine sehr geringe Quantität wäßrichter Feuchtigkeit, die nur sehr wenig von einem empyreumatischen Oel an sich spüren läßt, auszutreiben vermögend ist; und vielleicht würde man ganz und gar nichts erhalten, wenn die Kohlen vollkommen trocken und erst kürzlich gebrannt wären.

Um diese Versuche nicht mißgelingen zu lassen, muß man es als einen Umstand von Wichtigkeit ansehen, daß sie in wohl verschlossenen Gefäßen gemacht werden; denn die geringste Einwirkung der Luft würde verursachen, daß das brennliche Wesen verflüchtiget würde, und die verzehrten Kohlen nichts als Asche hinterließen. Dieses zeiget sich auch auf eine andere Art bey den unvollkommnen Metallen, die sich durch sich selbst in verschlossenen Gefäßen niemals in Kalk verwandeln können, die aber bald in ihre Kalke gehen, wenn man sie in offenen Gefäßen kalcinirt.

Das

Das Oel, welches durch die Destillation mit der wäßrichten Feuchtigkeit übergehet, hält in der That viel brennliches Wesen in sich, und die Kohle würde ungleich brennbarer seyn, wenn es möglich wäre, solches in derselben zu erhalten. Daß aber dieses empyreumatische Oel brennliches Wesen in sich halte, wird nicht allein dadurch bewiesen, weil dieses ausgetrocknete Oel brennet, sondern auch, weil man mit demselben eine kohlenartige Materie hervorbringen kann, womit der Salpeter detoniret; und endlich, weil man mit dieser ausgetrockneten Materie die Metalle aus ihren Kalken wieder reduciren kann. Man kann hinzusetzen, daß der Ruß, der aus dem Rauche des verbrannten Holzes entstehet, und gewiß viel von diesem Oel in sich enthält, sich entzündet und lange genug brennet.

Es läßt sich vermuthen, daß in den verschlossenen Gefäßen, wo keine Erneuerung der Luft statt findet, die mit dem brennlichen Wesen versehenen Fettigkeiten sich gleichsam auf dem Holze, das das Feuer auseinander setzt, reverberiren, in dasselbe innigst eindringen und dadurch seine Natur verändern, wie ich nuumehr beweisen werde.

Man kann nicht zweifeln, daß während der Destillation des Holzes in der Retorte nicht ein wenig Salz aufsteigen sollte; es gehet auch dergleichen aus den großen Kohlenmeilern, davon wir in der Folge reden werden, heraus

aus; denn man wird an denen Oeffnungen, durch welche der Rauch herausdringet, eine gelbliche Materie gewahr, die eine vermicularische Gestalt hat. Sie entzündet sich nicht; aber wenn man sie auf die Zunge nimmt, so empfindet man einen scharfen Geschmack. Es ist demnach eine salzige Materie.

bb) Unterschied zwischen Holz und Kohlen. Das Holz, von welcher Art es auch sey, verlieret seine Farbe, wenn es in Kohlen verwandelt wird. Allemahl zeigt es mehr oder weniger eine schwarze Farbe, welches zum Theil aus der großen Schwammigkeit der Kohlen entstehen kann, welche verursachet, daß sie die Lichtstrahlen wenig zurückwerfen. Allein dieses Schwarz ist zuweilen matt und schwach; und so ist die Farbe der Löschkohlen und der Meilerkohlen, die zu stark gebrannt sind. Andere Kohlen sind von einem violetten und gleichsam kupferichten Schwarz, und diese Art Kohlen entstehen aus einem harten Holze, das wohl gebrannt ist. Die weißen und harzigen Hölzer geben Kohlen von einem bleichen Schwarz, das zuweilen ins gelbliche fällt; und andere scheinen grünlich. Gleichwie diese Farben mehr auf der Oberfläche, als in dem Innern der Kohlen in das Auge fallen, so könnte man sie auf gewisse Art mit einem ölichten Firniß vergleichen, der auf der Oberfläche der Kohlen angetrocknet wäre. Allein ich überlasse es den Naturkündigern, die Ursachen die-

dieser verschiedenen Farben genauer zu untersuchen.

Das Holz spaltet sich nach der Richtung seiner Fasern, weil sich weniger Schwierigkeiten finden, daß sich dieselben von einander absondern, als daß sie reissen. Eine Kohle läßt sich fast mit eben der Leichtigkeit queer durch zerbrechen, als nach der Richtung der Zasern in ihrem holzichten Zustande, weil sie während ihrem Brennen auf gewisse Maaße ein gleichartiger Körper geworden ist. Man kann es dahin bringen, den holzartigen Zasern eine fast gleiche Auseinandersetzung zu geben, wenn man ein Stückchen Holz in Oele siedet. Diese fettige Flüssigkeit zertheilet die fettigen Theile des Holzes; die Hitze des siedenden Oeles verursacht, daß alle Feuchtigkeit daraus verflüchtiget, und nach dieser Austrocknung wird das Stückchen Holz eben so wenig Schwierigkeit zeigen, zu zerbrechen, als sich zu spalten. Es hat also in dieser Hinsicht etwas von der Natur der Kohlen erhalten.

Eine gute Kohle ist klingender als das Holz, weil sie mehr ausgetrocknet ist. Denn man bemerket, daß je ausgetrockneter das Holz ist, desto klingender es wird; und wenn man eine Kohle ins Wasser taucht, so giebt sie keinen Klang mehr von sich. Die rauchenden Kohlen, die nicht hinlänglich gebrannt sind, daß sie gute Kohlen hätten werden können, geben gleichfalls fast gar keinen Klang. Die

Ur-

Ursache dieses Unterschiedes ist leicht einzusehen; denn in dem Holz sind die holzigen Zasern durch die wäßrichten Theile von einander abgesondert, anstatt, daß in der Kohle die festen Theile nichts als Luft zwischen sich haben. Die Luft aber läßt den Schall durch, und das Wasser verhindert denselben.

Das brennende Holz giebt sehr viel Rauch von sich, besonders wenn es feucht ist; und wenn es wohl trocken ist, so bringt es eine große Flamme hervor. Eine wohlgebrannte und hinlänglich trockene Kohle rauchet fast gar nicht; es dünsten allein diejenigen schädlichen Dämpfe davon aus, von welchen wir oben geredet haben. Anstatt der großen, weißen Flammen, die sich vom Holz erheben, erblikket man auf einer Feuergluth von Kohlen nichts als eine kleine, blaue oder violette Flamme, welches eben das Kennzeichen guter Kohlen ist; und welches daher entstehet, daß sie nicht allein den größten Theil der in dem Holze enthaltenen Feuchtigkeit, sondern auch ihr grobes Oel verlohren haben. Die Kohlen geben demnach wenig Flammen; allein sie können viel geschwinder von dem Feuer durchdrungen werden, das sich allenthalben Oeffnungen gemacht hat, indem es die Feuchtigkeiten daraus vertrieben, die bekanntermaaßen ein Hinderniß gegen die Ausbreitung des Feuers sind. Daher kommt es also, daß das Holzfeuer in gewissem Betracht weniger Hitze giebt als das von

von Kohlen, indem bey dem ersten die Wirksamkeit der Feuertheilchen durch die feuchten Dünste, die zugleich dabey ausgetrieben werden, gemäßigt wird.

Das Holz verfaulet in der Erde, und wird wieder zu Erde; allein die Kohlen sind eine unverderbliche Materie, die mehrere Jahrhunderte in der Erde liegen, ohne in die Verwesung zu gehen. Viele Gewürme ernähren sich von Holz; allein es ist kein einziges bekannt, welches sich an die Kohlen macht. Die Unverderblichkeit der Kohlen war schon zu Vitruvs Zeiten bekannt, der davon redet. Er sagt, daß man damals die Kohlen unter die Steine legte, die man gerichtlich setzte, um die Grenzen der Erbtheile zu bestimmen. Denn wenn sich ein Streit darüber ereignete, so hob man den Stein auf, und die darunter befindlichen Kohlen gaben zu erkennen, daß er nicht von ungefähr, sondern die Grenzen zu bemerken, dahin gesetzt war. Beyläufig füge ich hinzu, daß der Gebrauch der Kohlen zu diesem Endzwecke noch heutiges Tages dauert, und daß die unter einem Grenzstein gefundenen Kohlen allemahl einen starken Beweis eines wahren Grenzsteins abgeben.

Aus dem allen erhellet, daß die Holzkohlen allerdings die Aufmerksamkeit der Naturkündiger verdienen. Ueberdies ist es für die menschliche Gesellschaft eine Sache von Wichtigkeit, indem die Kohlen das Unterhaltungsmitmittel des Feuers sind, und nicht allein in der Küche verbraucht werden, sondern dieselben auch bey vielen Künsten nicht zu entbehren sind. Denn ohne den Gebrauch, den man davon in den Häusern macht, sind sie besonders von einer unumgänglichen Nothwendigkeit bey der Ausschmelzung und Zubereitung der Metalle. In dieser Hinsicht ist es nicht undienlich zu bemerken, daß nicht allein die Kohlen zum Eisenschmelzen nothwendig sind, sondern daß auch die verschiedenen Arten der Kohlen einen großen Einfluß auf die Eigenschaft des Eisens haben, indem dafür man hält, daß einige Arten von Holzkohlen das Eisen geschmeidig machen; dahingegen ihm andere eine Sprödigkeit verursachen. Woher mag dieser Unterschied entstehen? Welches sind die Kohlenarten, die geschickt sind, ein geschmeidiges Eisen zu machen? Hat man demnach nicht eine gute Wahl anzustellen, sowohl in den Arten des Holzes, davon man Kohlen machen will, als in Ansehung der Zeit, wann die Bäume zu fällen sind, und in dem Alter der Bäume? Diese Fragen sind allerdings wichtig. Ob man indessen gleich nicht zweifeln kann, daß die Holzkohlen sehr geschickt zum Eisenschmelzen sind, und daß man sich der Steinkohlen zu diesem Endzwecke nicht bedienen kann, man müßte denn wenigstens ein Mittel wissen, den Schwefel der Steinkohlen zu verhindern, daß er das Metall nicht angreife, welches bey den Holzkohlen nicht nöthig ist, deren brennliches

We-

Wesen das Eisen geschmeidig zu machen und diejenigen Theile, welche zu Kalk geworden sind, wieder zu reduciren von selbst geschickt ist: so will man doch im Gegentheil behaupten, daß, wenn es darum zu thun ist, große Klumpen von Eisen zu schmieden, z. B. die Anker, man seine Zuflucht zu Steinkohlen nehmen müsse, weil sie mehr Hitze hervorbringen. Dies ist aber ein bloßes Vorurtheil; denn, wenn die Einrichtungen der Oefen und die übrigen Anstalten gut sind; so muß man mit bloßen Holzkohlen einen Klumpen Eisen von mehrern Centnern in Fluß bringen können. Warum sollte man also nicht mit diesen Kohlen einen solchen Klumpen Eisen dergestalt erglühen können, als es zum Ankerschmieden erforderlich ist?

Nun wollen wir uns noch einen allgemeinen Begriff, von dem erstaunlichen Verbrauche zu machen suchen, der mit den Holzkohlen geschiehet. Die Menge der mit Kohlen beladenen Schiffe und Wagen, die jährlich zu Berlin ankommen, ist ein zureichender Beweis, daß in ansehnlichen Städten ein sehr großer Verbrauch davon geschiehet. Allein was ist diese Consumtion in Vergleichung mit derjenigen, welche davon auf den Schmelzhütten vorgehet? Jedermann muß erstaunen, wenn er die großen Vorräthe von Kohlen auf solchen Schmelzhütten unter weiten Schuppen wahrnimmt, worunter man sie gegen die Wirkung

kung der übeln Witterung in Sicherheit bringet. Allein dieser erste Anblick reichet bey weitem nicht zu, um einzusehen, wie weit dieser Verbrauch gehet. Unterdessen ist es nicht undienlich, daß ihn wenigstens diejenigen kennen lernen, die etwa die Entdeckung von Erzen gemacht haben, und in Versuchung gerathen, dieselben bearbeiten zu lassen, damit sie ausrechnen können, ob die Waldungen in ihrer Nachbarschaft zu ihrem Unternehmen zureichen werden.

Ein hoher Ofen verzehret täglich acht Karren Kohlen, die man in Frankreich Bannes nennet. Man braucht ungefähr einen Berliner Haufen Holz, um Einen solchen Karren Kohlen zu machen. Folglich wird in einem hohen Ofen der Werth von acht Haufen Holz verbrannt, und nach Maaßgabe dessen jährlich 2920 Haufen. Nun giebt aber ein Morgen Holz in einer Waldung, die in Schlägen von zwanzig Jahren eingetheilet ist, auf jeden Schlag nicht mehr als ungefähr neun Haufen Holz. Ein gewisser, hoher Ofenmeister findet kein Bedenken zu behaupten, daß ein hoher Ofen mehr Holz konsumiret, als zwey kleine Städte zu ihrer Nothdurft nöthig haben.

Ob zwar diese Vorstellung von dem Aufwande, den ein hoher Ofen an Kohlen verursachet, nur eine beyläufige Berechnung ist, die die Sache eben nicht ganz erschöpft, so kann man sie doch für zureichend halten, um in den

mehr

mehrsten Unternehmungen dieser Art zum Leitfaden zu dienen, und die Wichtigkeit der Untersuchungen, die man über diesen Gegenstand anstellen kann, überzeugend begreiflich zu machen.

cc) Die Holzarten zum Verkohlen. Wenn man gleich aus allen Arten von Holz Kohlen machen kann, so ist doch die erste Regel, daß man nur Holz dazu anwendet, dessen Art sehr gemein ist. Denn da der Holzverbrauch, wie wir gesehen haben, so groß ist, so muß der Preis desselben mäßig seyn; weil überdies das Holz, wenn es in Kohlen verwandelt wird, fast bis auf drey Viertel in der Größe seiner Ausdehnung vermindert wird.

Die Beschaffenheit der Kohlen verändert sich, nach der Art des Holzes, woraus sie gebrannt werden. Kohlen aus hartem Holze geben sehr viel Hitze; sie sind aber auch sehr zum Springen und Platzen geneigt, welches bey gewissen Fällen Unbequemlichkeiten verursachen kann. Einige geben den Kohlen von Dornbäumen und Eichen Holz den Vorzug, und setzen ihnen die buchenen und hagebuchenen nach. Indessen verdienen doch die buchenen Kohlen in allem Betracht und zu allen Endzwecken den Vorzug. Denn man findet nicht, daß sie weniger Hitze geben, als die eichenen; und selten oder niemals sind sie dem Springen und andern gemeinen Fehlern der eichenen Kohlen unterworfen, wenn sie nicht sehr fehlerhaft gebrannt sind.

Die Kohlen von weichem Holze, z. B. von Birken, Elsen, Pappeln, Linden, Fichten haben nicht diesen Fehler; und wenn sie gerade nicht so viel Hitze machen, so glaubt man doch, daß sie, und besonders die fichtenen, den Metallen mehr Geschmeidigkeit beybringen, und dieses vielleicht aus dem Grunde, weil sie weniger Vitriolsäure enthalten. Schon Theophrast versichert, daß die aus gewissen Baumarten gemachten Kohlen ihre besondre Vorzüge haben, daß z. B. die Kohlen von Nußbaum das Eisen geschmeidig machen, und daß die von harzigten Hölzern vorzüglich für die Goldschmiede am dienlichsten sind. Man hält auch dafür, daß die Kohlen von weißem Holze vor allen andern den Vorzug verdienen, wenn man Stückpulver machen will; und diese Meinung ist allgemein bey der Artillerie angenommen. Man versichert, daß die Engelländer zum Stückpulver bloß Kohlen anwenden, die aus jungen Weidenzweigen gemacht sind. Die Kohlen von weißem Holze sind sehr weich, und von einem gleichförmigen Bestandwesen; daher gebraucht man sie zur Politur der Metalle, und zu Reißfedern für die Zeichner. Allein zu diesem wenigen Gebrauche verdienen die Kohlen vom Spindelbaum den Vorzug. Das Pulver von diesen zarten Kohlen dienet den Stickern und Tapezierern, um ihre Zeichnungen, vermittelst eines nach den Zügen der Zeichnung durchstochenen Papiers, auf die Stoffe überzutragen.

dd) Aldd) Alter des Holzes zum Verkohlen. Da das Feuer bis in den Mittelpunkt der Stücken Holz eindringen muß, wenn man vollkommene Kohlen haben will, so würden sich Unbequemlichkeiten finden, sobald man zu diesem Behuf gar zu dickes Holz anwenden wollte. Die Oberfläche würde verzehret werden, ehe der Mittelpunkt der Stämme zu Kohlen brennen würde. Wenn daher die Stämme gar zu stark sind, so spaltet man sie, und macht kleinere, kurze Scheite daraus; allein außerdem, daß man die Kohlen vom jungen, runden Holze höher schätzt, so ist auch diese Arbeit mühsam und verursacht Kosten, die man bey einer Waare von so großer Consumtion als die Kohlen, und deren Preis nicht sehr erhöhet werden kann, auf alle Art vermeiden muß. Ueberdies sind die starken Scheite zum Brennholz theurer, als das kleine und runde Holz; und es ist daher vortheilhafter, nur das letztere zum Verkohlen zu nehmen. Auch das alte Holz, das schon anfängt in die Fäulniß zu gehen, giebt Kohlen, die besonders wegen Feuergefahr gefährlich sind, wie wir in der Folge sehen werden. Man sieht also, daß viele Gründe vorhanden sind, lieber die Holzschläge von achtzehn bis zwanzig Jahren zum Verkohlen zu bestimmen, welche Stangen von sechs bis zwölf Zoll im Umfange liefern werden, als die Baumzacken, die fast allemahl den Fehler haben, daß sie krumm sind, und daher in dem

Innersten des Meilers leere Räume lassen, wodurch die Köhler verhindert werden, das Feuer recht zu regieren. In den Ländern, wo es viele Eisenhütten giebt, verkohlet man fast alles Stangenholz; allein in den Wäldern, wo man hauptsächlich Zimmer- und Brennholz schlägt, bestimmt man alle Baumzacken und schlechtes Stangenholz, welches beydes zum Fadenholz nicht dienet, zum Verkohlen; oder man nimmt auch wohl von den guten aber kleinen Stangen zum Nachtheil des Reißholzes, um solche in Faden zu legen, die zum Verkohlen bestimmt sind. Daher kostet gemeiniglich in einem Walde, wo der Haufen gutes Holz zu funfzehn Thaler im Preise stehet, der Haufen zum Verkohlen bestimmtes Holz nicht mehr, als neun bis zehn Thaler.

ee) Bearbeitung des Holzes zum Verkohlen. Man fället das zum Verkohlen bestimmte Holz zu eben der Jahreszeit, da die zu andern Zwecken bestimmten Stämme geschlagen werden, nemlich von der Zeit, da die Bäume sich entlauben, bis zum Aprilmonath, da der Saft in die Bäume tritt. Es giebt Leute, welche glauben, daß das im Winter geschlagene Holz, weil es dann weniger Saft hat, sehr geschwind austrockne; allein das ist ein Irrthum. Die Zwischenräume des Holzes sind im Sommer mehr geöffnet und die Säfte mehr in Bewegung; mithin geschiehet die Austrocknung sehr schleunig. Dies ist eine Wahrheit, die durch viele Erfahrungen bestätiget

tiget worden. Unterdessen verfahren doch die Waldordnungen sehr weislich, die die Fällung des Holzes im Winter vorschreiben, weil der Stamm mit der Wurzel dann desto weniger leidet; und wenn man Holz fället, indem es seinen Wachsthum treibt, so verliert man unausbleiblich einen Jahrwuchs. Uebrigens sind mir keine Erfahrungen bekannt, die entscheiden ließen, ob der Umstand, das Holz in verschiedenen Jahreszeiten schlagen zu lassen, auf die Güte der Kohlen einen Einfluß habe.

Wenn das Holz sehr feucht ist, und noch allen seinen Saft in sich hat, so ist es zum Verkohlen durchaus nicht geschickt, weil es alsdann einen feuchten Rauch von sich giebt, welcher die Erde, womit man die Kohlenmeiler bedeckt, in Unordnung bringt. Da das feuchte Holz schwer brennt, so hat man Mühe, das Feuer in allen Theilen des Meilers gleich zu unterhalten, und die geschicktesten Kohlenbrenner können nicht verhindern, daß nicht viele rauchende Brände darinnen übrig bleiben; auch verliert man bey grünem Holze allemahl den vierten Theil an Kohlen. Dahingegen würde ein gar zu trocknes Holz andern Unbequemlichkeiten unterworfen seyn; weil alsdann das Feuer in den verschiedenen Theilen des Meilers gar zu geschwind um sich greifen würde, wobey man vielen Verlust hätte, und die Kohlen würden in Ansehung ihrer Güte den Löschkohlen nahe kommen. Der gewöhnliche Gebrauch ist demnach, das Holz in den

Holzschlägen oder Köhlergehäuen ein Jahr stehen zu lassen, bevor man es verkohlet. Der größte Theil der Kohlen, die für die Schmelzhütten bestimmt sind, wird gemeiniglich in den Monaten September und Oktober gemacht; für den Privatgebrauch aber fängt man schon im Julius damit an. Unterdessen reichen vier Monate zu, das Stangenholz auszutrocknen; und fünf Monate für die gespaltenen Scheite. Wenn es aber Wintermonate sind, so werden sechs bis acht Wochen mehr erfordert.

Das zu Kohlen für die Hüttenwerke bestimmte Holz hauen die Holzhauer zwey bis drittehalb Fuß in die Länge, und zum Verkohlen für den gemeinen Gebrauch drittehalb bis drey Fuß lang zwischen beyden Hieben, so nemlich, daß der cylindrische Theil eines jeden Stück Holzes diese Länge hat; und nach Maaßgabe der Dicke desselben bilden die äußersten Enden eine stumpfe Spitze, oder einen Einschnitt, den die Arbeiter einen Rachen nennen. Besser wäre es, wenn beyde Enden sich mit stumpfen Spitzen endigten. Ein jeder Durchhieb hat ungefähr drey Zoll Länge, folglich kann ein jedes Stück Holz von zwey Fuß angesehen werden, daß es sieben und zwanzig Zoll cylindrische Länge hat, und das von drey Fuß nach Verhältniß.

b) Die Torfkohlen. Torf nennen wir denjenigen Körper, den die Wurzeln und Ranken verschiedener Vegetabilien durch die Vermimischung mit mineralischen Körpern ausmachen. Das verschiedene Brennbare dieser Vegetabilien und Mineralien, und die verschiedene Vermischung derselben machen die verschiedenen Torfarten.

In den ersten Jahren dieses Jahrhunderts ward der vortheilhafte Gebrauch des Torfes zur Feuerung auch im Sächsischen bekannt. Der Oberberghauptmann von Carlowitz legte in den Meißner und Erzgebirgischen Kreisen Torfmoore an, und ward zugleich der Erfinder einer bis dahin unbekannten Art von Kohlen, nemlich der Torfkohlen. Er verkohlete den Torf eben so, wie das Holz, in Meilern, und hat darüber eine weitläuftige Abhandlung geschrieben. Aber nach seinem Tode soll die von ihm eingeführte Torfverkohlung wieder eingegangen seyn. Ob er nun gleich der Erste und der Einzige ist, der von der Torfverkohlung geschrieben, so ist man doch nachher in dieser Kunst weiter gegangen. Der Graf Cristian Ernst zu Wernigerode und der Dänische Oberjägermeister von Lange haben sie um die Mitte dieses Jahrhunderts zu derjenigen Vollkommenheit gebracht, worin sie sich jetzt wirklich befindet.

α) Beschaffenheit des Torfes zum Verkohlen. Er muß sehr trocken seyn. Und es kommt beym Stechen desselben auf die Dicke an, die man ihm giebt, um leicht trocknen zu können; wozu das Maaß der Höhe und Breite von sechs Zoll das Beste ist. In ebenen Mooren kann die Abtrocknung des Torfes durch die freye Luft hinlänglich erreicht werden, wenn er so aufgesetzt wird, daß die Luft stark durchstreichen kann. Wo man diesen Zweck wegen veränderlicher, feuchter Witterung durch die trockne Luft nicht erreichen kann, da bauet man besondere Trockenhäuser. Diese Häuser errichtet man fünf Stock hoch beschlägt sie mit Brettern, und versieht sie mit drey Fuß von einander entfernten Lücken.

β) Nutzen der Torfmoore. Ohne den wirklichen Nutzen, welchen Torfmoore durch den Gebrauch des Torfs gewähren, weitläuftig zu rügen, will ich nur bloß eines wichtigen und handgreiflichen Nachtheils erwähnen, der so lange Statt hat, als man die Torfmoore liegen und ungenutzt läßt. In den Gegenden, wo sie sich finden, werden sie zu Viehweiden, welche naß, sauer und mager sind, gebraucht; da sie doch, wenn sie ausgestochen würden, zu bessern Weiden genutzet, besseres Vieh gehalten, und nach ihrer oft beträchtlichen Größe, mehrere Einwohner zulassen könnten.

2) Die fossilischen Kohlen. Diese bestehen nicht nur größtentheils aus mineralischen Theilen, sondern sie gelangen auch erst durch eine gewisse Mineralisation zu dem kohlichten Zustande. Und in so fern man das Erd-, Stein- oder Bergöl zu den Mineralien rechnet, in so fern können auch die Körper, welche auf diese Weise Kohlen werden,

sicher

sicher fossilische Kohlen heißen, und ihre Entstehungsart rechtfertiget diese Benennung noch mehr.

Die fossilischen Kohlen werden, wie man sieht, von der Natur erzeugt, aus der Erde gegraben, und können in diesem natürlichen Zustande zur Feuerung gebraucht werden. Die Natur macht sie vollkommen zu Kohlen, und die Kunst trägt zu ihrem kohlichten Zustande nichts bey, sondern sie benimmt ihnen nur die Beymischungen, wodurch sie zu gewissen Gebräuchen untauglich sind, oder wodurch Unbequemlichkeiten dabey entstehen, und welche durch das Abschwefeln gehoben werden können.

Diese fossilischen Kohlen werden oft überhaupt Erd- oder Steinkohlen genannt, ohne daß man den Unterschied zwischen Stein- und Holzkohlen beobachtet. Beyde gelangen zwar durch die Erhärtung des Berg- oder Erdöls zu demjenigen Zustande, in welchem wir ihnen den Nahmen von Kohlen beylegen; aber außer dieser Gleichheit ist der Unterschied bey ihnen noch stark genug, um sie hinreichend unterscheiden zu können. Sie finden sich bloß in den Flötzgebirgen, und es ist zu bekannt, wie wichtig dieses Besondere manchem großen Naturforscher ist, um darauf Beweise von der Veränderung des Erdbodens zu gründen.

a) Reine, fossilische Kohlen oder Steinkohlen. Die Steinkohlen sind mineralische

Körper, welche in die Klasse der Erdharze gehören. Sie sind mit Thonerde vereiniget, und machen nach den verschiedenen Graden derselben, verschiedene Arten. Diese nach allen ihren Verschiedenheiten, die oft nicht beträchtlich sind, einzutheilen, würde die Sache zu weitläuftig machen. Ueberhaupt können sie in dichte und schieferartige eingetheilt werden.

Sie entstehen durch die Erhärtung einer flüssigen oder weichen Materie, die wir Erdöl nennen, welches die an ihnen befindlichen Abdrücke und Verbindungen mit andern Körpern deutlich zeigen. Sie vereinigen oder vermischen sich mit verschiedenen Mineralien, und aus dieser Ursache können sie auch reine, mineralische Kohlen genannt werden. Als bloßes, erhärteres Erdöl finden sich sehr wenige oder gar keine; und selbst dieses würde diese Eintheilung noch nicht verwerflich machen, da man bis jetzt das Erdöl noch im Mineralreiche duldet. Auch bey dieser Art Kohlen geht eine Veränderung ihres vorigen Zustandes vor.

Sie finden sich häufig in den Königreichen Schweden, England, Irland, Schottland, Frankreich, der Schweiz, Deutschland, dem Bißthum Lüttich, wo viele Familien in den Steinkohlen-Bergwerken wohnen, Schlesien, Böhmen, Rußland, Sibirien und Amerika.

b) **Die vermischten, mineralischen Kohlen, oder die fossilischen Holzkohlen.** Das Erdöl verbindet sich auch mit vegetabilischen Körpern und durchdringet dieselben, und hiedurch

durch entstehen diejenigen Körper, welche wir fossilische Holzkohlen nennen. Schon der bloße Augenschein ergiebt, daß sie ein mineralisirtes Holz sind. Die Rinde, die Jahrringe, die Zweige und Wurzeln zeigen dieses deutlich. Das holzigte Gewebe ist mehrentheils verschoben und platt gedrückt; daher man wohl annehmen kann, daß dieses Holz vor der Mineralisation erweicht gewesen, und von dem Erdöl durchdrungen worden.

Eins der vorzüglichsten hieher gehörigen Stücke ist, welches der französische Feldarzt und Rektor der Medicinischen Facultät zu Paris, d'Arzet, im Hessischen beym Winterkasten gefunden. Es gehörte zu einem Stamme, dessen Durchschnitt dem Durchschnitte eines Mastes von einem Schiffe von vierhundert Tonnen gleich ist. Dieser Kloß steckte im Thone außer der Grube, und war härter, fester und schwärzer, als dasjenige, welches man in allen benachbarten Gruben findet. Der obere Theil bestand aus wirklicher Steinkohle, die der Steinkohle des Bergwerks völlig gleich war; der untere Theil hingegen war noch unverändertes Holz.

Sie finden sich nicht nur einzeln in den eigentlichen Steinkohlengruben, und vorzüglich über denselben, sondern sie machen auch ganze unterirdische Wälder. Dergleichen finden sich bis jetzt vorzüglich in Obersachsen, und es ist bekannt, daß Leipzig und die umliegende Gegend darauf stehet. Sie werden oft in einem mehr hol-

holzichten als kohlichten Zustande aus der Erde gebracht, daher sie auch durch die Kunst erst zu Kohlen gemacht werden.

II. Vom Verkohlen überhaupt.

Die Kunst des Kohlenbrennens ist sehr alt; und unter den Alten haben schon Plinius und Theophrast von der Art die besten Kohlen zu machen, sowohl als von dem Gebrauche der Kohlen von verschiedenen Holzarten zu verschiedenen Zwecken geschrieben. In neuern Zeiten sind viele Schriften, die von Kohlen und von dem Verkohlen des Holzes handeln, erschienen; die hier alle nahmentlich aufzuführen zu weitläuftig wäre, worunter aber die Abhandlungen von dü Hamel, dü Monceau und Cramer die vorzüglichsten sind. Das Holz kann auf verschiedene Weise verkohlet werden, und zwar geschiehet es in Retorten, oder Gruben oder Meilern.

1) **Die Verkohlung in Retorten.** Die Art und Weise, wie diese Verkohlung gemacht wird, ist bereits oben beschrieben, indem man die Retorte mit Stückchen Holz anfüllet, und selbige ins Feuer bringt, das nach und nach immer stärker gemacht wird, bis nichts mehr in den Recipienten übergeht; da man dann, nachdem die Retorte kalt geworden, statt des Holzes Kohlen darin findet. Diese Art des Verkohlens ist freilich in Hinsicht auf ihre Güte und Vollkommenheit die beste. Man darf aber nur den

den Aufwand bedenken, den die Hüttenwerke an Kohlen machen müssen, so werden sich auch gleich die Hindernisse zeigen, welche sich dieser Verkohlungsart, so bald sie ins Große gehen soll, entgegensetzen.

2) **Die Verkohlung in Gruben.** Eine andere Art, das Holz zu verkohlen, die Grubenverkohlung, bestehet darin, daß man die Wällen oder Wasen in Gruben wirft, deren Gestalt mit einer Mulde (plattteusch Molle) Aehnlichkeit hat; die Erste anzündet, und wenn diese brennet, wieder andere darauf wirft, und mit dieser Arbeit auf solche Weise so lange fortfährt, bis die Grube mit Kohlen angehäuft worden, worauf dieselben alsdann mit der ausgeworfenen Erde bedeckt oder getödtet werden. Es wird hiezu das geringere oder Reißholz genommen, und diese Art zu verkohlen ist die leichteste und einfachste. Hat man dieses Holz in der Nähe, so kann man das Wällenbinderlohn ersparen.

3) **Die Verkohlung in Meilern.** Die Meilerverkohlung ist in Deutschland die gewöhnlichste, auch unstreitig die zweckmäßigste. Zu derselben werden, außer einer genauen Wissenschaft von den dazu nöthigen Eigenschaften des Holzes selbst, die bereits oben abgehandelt worden, folgende Kenntnisse erfordert: a) des Bodens der Meilerstätte, b) der Setzung und Richtung des Holzes, c) der Bedeckung des Meilers, d) von dessen Anzündung, e) vom Erkalten des Meilers.

Da

Da alle diese Kenntnisse eine vorzügliche Aufmerksamkeit und Wachsamkeit des Köhlers erfordern, weil seiner Nachlässigkeit die mehresten widrigen Vorfälle zugeschrieben werden müssen, so wird es nöthig seyn, eine jede derselben kürzlich zu berühren.

a) **Die Wahl des Bodens zur Meilerstätte.** Die Kohlenbrenner oder Köhler nennen denjenigen Platz, wo sie ihren Meiler aufrichten, eine Meilerstelle, Meilerstätte, oder Kohlengraben; denjenigen Haufen Holz aber, der solchergestalt in Ordnung gesetzet ist, als es geschehen muß, um Kohlen daraus zu machen, heißen sie einen Meiler. Wenn der Haufen nur erst angefangen ist, so heißt er kein Meiler, sondern ein Zünder. Kohlenbrennen bedeutet das Holz bis auf den Punkt durchbrennen, den es haben muß, um Kohlen daraus zu machen. Es ist nicht undienlich, von der Bedeutung dieser Ausdrücke unterrichtet zu seyn.

Da die Köhler sich so viel möglich ihre Arbeit zu erleichtern suchen; so bemühen sie sich um einen Platz für ihren Meiler, der in der Nähe der aufgerichteten Klaftern, Faden oder Haufen ist, damit es desto weniger Mühe macht, das Holz dahin zu schaffen. Sie erwählen auch gern eine Stelle, die erhaben ist, damit, wenn es regnet, das Wasser sich nicht unter den Meiler sammlet. Auch dadurch wird ihnen die Arbeit leichter, wenn sie einen vollkommnen ebenen Boden finden können, oder eine Stelle, auf welcher schon Kohlen gebrannt sind. Und endlich,

lich, damit der Platz geschickt sey, einen guten Brand zu thun, wie sie sagen, ist es nöthig, daß das Erdreich weder steinicht noch sandig ist. Es wird sich in der Folge zeigen, wie wichtig diese Umstände sind, um eine gute Bedeckung des Meilers zu Stande zu bringen, Diese Anmerkungen betreffen die Kohlen. Allein da diese Arbeiten öfters Feuersbrünste in den Wäldern verursacht haben. und man außerdem die abgehauenen Holzstämme schonen muß, so verordnen die Waldordnungen, daß die Plätze zum Kohlenbrennen von den Forstbedienten ausgezeichnet werden sollen, die solche Stellen wählen müssen, wo es wenig abgehauene Klötze und Stämme giebt, und die von den Gegenden, wo viel Heidekraut und andere leicht feuerfangende Kräuter stehen, hinreichend entfernt sind, damit man keine Feuersgefahr zu befürchten habe.

Man fängt damit an, daß man den Boden vollkommen eben macht; und dieses geschiehet mit Hacken, Karsten und Schaufeln. Dieser Arbeiter heißt der Vorgleicher oder Zurichter, Fig. I. a. Er zeichnet den Umfang des Platzes für den Meiler ab, zu welchem er für den großen Meiler acht Schritte, oder achtzehn bis zwanzig Fuß im Durchschnitt nimmt; für die kleinen weniger. Dieser Raum ist vollkommen zureichend für ihre Arbeit.

Wenn auf diese Art der Boden zugerichtet und von allem Gesträuche gereiniget ist, so pflanzet der Kohlenmeiler gerade in dem Mittelpunkt des Meilers (dem Quandel) eine Stange, öfters

öfters auch zwey, zwölf bis funfzehn Fuß hoch, und von der Dicke eines Schenkels, die man den Quandelpfahl nennet. Unten am Fuße dieses Mastbaums macht er einen kleinen Haufen von trockenem und leicht entzündlichem Holze. Es giebt Kohlenbrenner, die anstatt einer solchen Stange, in den Mittelpunkt des Meilers verschiedene, große Stangen stecken, die einen leeren Raum umschließen, den sie mit kleinem Holze anfüllen, so hoch sie ihren Meiler aufrichten. In andern Wäldern ordnet man um den Mastbaum trockne Rundhölzer, die man dergestalt auf einander legt, daß sie eine dreyeckigte Kammer bilden, die man mit kleinem trockenen Holze ausfüllet. Einige breiten über dem Boden ein Bette von Laube aus, und auf dieses Laub ein Bette von Kohlenstaub. Gemeiniglich aber unterläßt man diese sorgfältige Zubereitung. Es giebt unterdessen Wälder, wo die Köhler Vorsichtigkeiten gebrauchen, die unnütz und sogar schädlich sind. Sie machen einen Boden mit Scheiten von weißem Holze, die Speichen um den Mastbaum herum ausmachen, den man in die Mitte des Meilers pflanzet. Sie füllen die leeren Zwischenräume, die sich zwischen diesen Scheiten finden, mit kleinen, dünnen Holzstücken (Knippen) aus, welches man ausstümpeln nennet. Einige machen noch oben ein Bette von Laub, und ein anderes von Asche und Kohlenstaub. Sie befestigen die Scheite des Bodens mit Pflöcken, die sie in die Erde schlagen; und sie machen einen dergleichen Boden

den bey jedem Stockwerk. Die letztere Arbeit aber scheint mehr schädlich als vortheilhaft zu seyn.

Wenn in einem Gehäue schon ehedem Köhlermeiler gewesen sind, die sich den aufgerichteten Haufen, Faden oder Klaftern in der Nähe befinden, so gereichen sie den Köhlern zum Vortheil, um andere auf eben diesen Stellen aufzuführen. Sie ersparen sich die Mühe, einen neuen Platz zuzurichten, und sie schonen zugleich das Gehäue; denn auf der Stelle, wo ein Meiler gestanden hat, treiben die Wurzeln gar nicht wieder, oder doch nur in sehr langer Zeit. Die ersten Jahre, nachdem diese Meilerplätze gereiniget sind, finden sie sich mit Erdbeeren bedeckt; und hernach sieht man öfters viel Espengesträuche darauf.

b) **Die Aufrichtung des Meilers.** Die Köhler schaffen das Holz von dem Orte, wo es aufgeklaftert stehet, nach dem Meiler mit Schubkarren, die ein wenig von denjenigen verschieden sind, deren man sich bedienet, die Erde fortzukarren. Und während der Zeit, daß sie dieses thun, fängt der Köhlermeister an, den Meiler aufzurichten. Die ersten Stücken Holz, womit man den Mastbaum umgiebt, müssen trocken seyn; und sie werden mit ihrem obersten Ende daran angelehnet. Ihr unterstes Ende ruhet auf der Erde, und sie sind ein wenig angeneiget, Fig. 1. d, d, e. Um diesen ersten Umfang von trocknen Holzstücken, wenn man so sagen kann, macht man noch einen andern von dem ordentlichen Faden, oder Klafterholze, indem man die Holzstücken dieses zweyten Umkreises an die in dem ersten anlehnet. Wenn dieser zweyte Umkreis fertig ist, so macht man einen dritten, hernach einen vierten, dann einen fünften u. s. f. bis der ganze eben gemachte und abgezeichnete Boden mit Holzstücken bedeckt ist, die fast aufrecht stehen. Bey jedem Umkreis des ersten Bettes läßt man einen kleinen Raum, fünf oder sechs Zoll breit k, (Fig. 2.) der nicht mit den aufrecht stehenden Holzstücken angefüllt ist; und indem der leere Raum eines jeden Umkreises gerade gegen den leeren Raum des andern über ist, von dem äußersten Umkreis an, bis in den Mittelpunkt des Meilers; so entstehet ein Kanal, der sich bis an das trockene Holz erstrecket, das man um den Fuß der Stange oder des Mastes gethan hat. Diesen Kanal kann man als ein Zündloch ansehen, das mit trockenen Reisern angefüllet wird, und das Feuer bis in den Mittelpunkt des Meilers fortreibt; und man wird in der Folge sehen, daß die Anzündung des Meilers allein an diesem Orte geschiehet. Die Köhler, welche diese Gallerie k nicht machen, bringen das Feuer von oben in den Meiler. Diese Verfahrungsart aber ist nicht zu billigen.

Wenn diese verschiedenen Umkreise einen Raum von fünf bis sechs Fuß im Durchschnitt anfüllen, so richtet man auf diesem ersten Bette (Fig. 2. f), das durch den Zusammenhang aller dieser Kreise, deren Anfertigung so eben beschrieschrieben worden, entstehet, ein zweytes Bett oder Stockwerk g, auf, das man die Schindel nennet. Man verfertiget dieses zweyte Bette eben so, wie das erste vermittelst solcher Kreise von Holz; und der Köhler kann das Holz noch setzen, indem er auf der Erde steht; aus dieser Ursache geschieht es auch, daß er das zweyte Bette anfängt, ehe das erste geendiget ist. Hier muß ich bemerken, daß man so viel möglich, die kleinsten Stücken Holz in die untern Betten bringt, die dicksten aber in die obern. Unter dem für ein jedes Bette bestimmten Holze aber sucht man die dünnsten Stücken sorgfältig aus, um sie am weitsten vom Mittelpunkt in den äußersten Umfang zu stellen. Wenn das zweyte Bette fast eben so groß als das erste ist; so vergrößert man das erste, und hernach das andere, so lange bis das erste Bette (Fig. 1. a, b,) den Boden völlig bedecket, den der Meiler einnehmen soll. Auf diese Art bringet der Köhlermeister die beyden ersten Bette zu Stande, um die Erleichterung zu haben, das Holz mit der Hand zu stellen, ohne auf den Meiler zu steigen.

Das dritte Bette h, welches man das große Obere nennet, wird eben so durch einen Zusammenhang von Umkreisen gemacht, als die beyden ersten; hierbey aber muß man auf das zweyte Bette steigen, um das Holz zu ordnen. Solchergestalt dienet das zweyte Stockwerk zur Unterstützung des dritten, so wie das zweyte durch das erste seine Haltung bekommt. Auf das dritte Stockwerk h setzet man gewöhnlichermaaßen ein viertes, i, welches man das kleinere obere nennet; und zuweilen wohl ein fünftes. Man fähret fort das Holz in den Umkreis der Betten zu setzen und fängt allezeit von den untern Betten an, bis der zum Meiler bestimmte Boden vollkommen ausgefüllet ist, und alles einen abgekürzten Kegel vorstellet, der oben platt zugehet.

Die Meiler erlangen diese conische und oben zugeründete Figur durch die Beschaffenheit des ersten Bettes, weil die dem Mast am nächsten stehenden Stücken Holz weniger geneigt sind, als die in dem äußersten Umfange, und mithin die äußerste Fläche dieses Bettes sich stark gegen den Mittelpunct geneigt befindet. Das zweyte Bette ist es noch mehr; denn außer der Ursache, die so eben angeführet ist, und die hier gleichfalls statt findet, stehen die Holzstücken des ersten Bettes auf einem gleichen Grunde, da hingegen die von dem zweyten Bette auf einem konvexen Grunde sich befinden. Die Stücken Holz in dem Mittelpuncte der obersten Betten aber müssen sich in einem noch größern Verhältnisse anlehnen, nach Maaßgabe derer von dem äußern Umfange eben dieser Betten, wodurch der obere Theil des Meilers gleich einem abgekürzten Kegel zugeründet wird.

Die Länge der Holzstücken und die Anzahl der Stockwerke bestimmen die Höhe, die ein Meiler haben soll; er hat unten einen größern oder geringern Umfang, nach der Menge des Holzes, das man zu Kohlen brennen will. Für die

die Privatpersonen macht man kleine Meiler, um nur fünf, sechs oder acht Klafter oder Faden zu verkohlen; allein zum Gebrauch der Schmelzhütten brennet man zuweilen in einem einzigen Meiler funfzig Faden. In Forsten, wo es keine Hüttenwerke giebt, halten die kleinsten Meiler fünf, und die gewöhnlichsten zehen Klafter Holz in sich, welches ungefähr drittehalb Berliner Haufen ausmacht.

Es ist beträchtlich vortheilhaft, große Meiler zu machen; denn das Holz, welches sich in dem Heerd des Mittelpuncts verzehret, wie man unten sehen wird, beträgt bey den kleinen Meilern fast eben so viel, als bey den großen; mithin ist der Verlust des Holzes bey kleinen Meilern nach Verhältniß ungleich größer. Da es übrigens sehr dienlich ist, die Meiler desto größer zu machen, je dicker das Holz ist, so wäre es nicht unrecht, wenn die Meiler, die mit Stangenholz aus den Gehäuen gemacht werden, dreißig bis vierzig Klafter, und die von dickem oder gespaltenem Holze funfzig bis sechszig Faden enthielten. Der Verlust des Holzes in dem Heerd des Mittelpunktes und was sich in dem Kanal zum Anzünden verzehret, kann in Ansehung der kleinen Meiler von zehn Klafter Holz auf den fünften Theil geschätzet werden, allein er ist viel geringer, wenn der Meiler aus funfzig Klaftern bestehet.

c) **Die Bedeckung des Meilers.** Wenn der Meiler so weit fertig ist, daß alle Stockwerke oder Betten desselben aufgerichtet sind, so

 ist

ist noch eine andere Arbeit übrig, um ihn zur Vollkommenheit zu bringen, die aber weit weniger Geschicklichkeit erfordert, als die vorhergehenden. Er muß nemlich bekleidet und mit Erde und Asche bedecket werden. Man nimmt dazu die Erde, die sich in der Nähe des Meilers umher befindet. Zwey Köhler graben die Erde auf, um den Meiler herum, und ein dritter sucht diese Erde mittelst einer Schaufel auf der ganzen äußern Fläche des Meilers dergestalt anzubringen, daß er überall bedeckt ist, welches füglich durch das Anschlagen mit der Schaufel geschehen kann, besonders wenn die Erde etwas feucht ist, worauf man freilich sehen muß. Diese erdichte Bedeckung muß drey bis vier Zoll dick seyn, ausgenommen auf dem Gipfel am obersten Ende des Mastes, woselbst man einen Raum von einem halben Fuß in Durchschnitt unbedeckt läßt, um dem ersten Rauch eine Oeffnung zu lassen und zu bewirken, daß das Feuer sich hauptsächlich in den Mittelpunct errege. In einigen Wäldern läßt man diese Oeffnung nicht; man thut aber übel daran, wie in der Folge gezeigt werden soll. Diejenigen Köhler, welche die oben bemerkte Gallerie nicht machen, um das Feuer dadurch bis zum Mittelpunct zu führen, sondern den Meiler von oben anzünden, haben bey der Bedeckung des Meilers die Vorsicht, daß sie das Holz unten auf der Erde ganz um den Meiler herum einen halben Fuß hoch unbedeckt lassen, damit die Luft durch diese Oeffnung eindringen könne; und wenn der Meiler hinreichend

chend angezündet ist, so bedecken sie erst diese Stelle.

Wenn der Köhlermeister, den man auch den Zurichter nennet, findet, daß die Erdlage an verschiedenen Stellen nicht wohl zusammen gefügt ist, so wirft er einige Schaufeln voll Erde dahin, und steiget ohne Leiter auf den Meiler, um sie anzuschlagen und wohl zu vereinigen. Da man in solchen Gegenden, wo Kohlen gebrannt werden, selten Mangel an Asche leidet, so pflegt man eine Lage davon mit Kohlenstaub vermischt auf die Erdlage zu werfen, die davon mehrere Festigkeit erhält, und wodurch der Meiler desto besser bedeckt wird. Einige Köhler aber bringen diese Lage von Kohlenstaub erst dann auf den Meiler, wenn er bereits angezündet ist.

Wenn man gezwungen ist den Meiler auf einem Boden zu errichten, der voller Steine ist, so bekleidet man denselben mit einer dicken Lage von Laub, und hierauf Kohlenstaub mit etwas Erde vermischt. Durch diesen Gebrauch ist in solchen Wäldern die Redensart: den Meiler belauben, entstanden, da sonst die Köhler sagen, daß sie ihren Meiler bedecken.

Diese vorbeschriebenen Methoden den Meiler zu bedecken, stehen unterdessen doch in jeder Hinsicht der in Deutschland gewöhnlichsten Bedeckungsart nach, welche darin besteht, daß der Meiler mit ausgestochenen viereckichten Rasenstücken bekleidet wird, wenn es anders die Beschaffenheit des Erdreichs erlaubet. Diese Rasensenstücke gräbt man auf dem Platze aus, wo der Meiler zu stehen kommen soll; und wenn der Boden gut ist, so daß er vier bis fünf Zoll dicke feste Rasenstücke giebt: so ist dieses die beste und bequemste Bekleidung eines Meilers, die man machen kann, und die allen hier beschriebenen Arten vorzuziehen ist. Bey der Rasenbedeckung bedarf es der unaufhörlichen Ausbesserungen nicht; die Rasenstücken können so fest in einander geschlagen werden, daß sie keinen Rauch durchlassen; als wo und wenn es der Absicht des Köhlermeisters gemäß ist; und es kann mithin alle nöthige Regierung des Feuers statt finden.

d) **Die Anzündung des Meilers.** Diese nun nimmt man vor, wenn der Meiler seine vollkommene Bedeckung erhalten hat, und wenn man zu dem Ende, in so fern es vorher noch nicht geschehen ist, in den Anzündungskanal k Figur 2, sehr wohl getrocknete Reiser schiebt; kurz, Materien, die sich leicht entzünden. Sobald man diese in dem Kanal befindlichen Materien angezündet hat, so ereignet sich ein Zug der Luft, die durch die Oeffnung k hineindringet, und durch die obere Oeffnung des Meilers wieder herausgehet. Wenn man sich erinnert, daß man an den Fuß des Mastes trockenes Holz gethan hat; daß das erste Bette von dem kleinsten Holze gemacht worden; und daß man von diesem kleinen Holze dasjenige, welches die geringste Dicke hat, dem Mittelpunkt des Meilers am nächsten geordordnet hat: so wird man leicht einsehen, daß sich das Feuer an diesem Orte am leichtesten entzünden, und sofort seine Wirkung auf das erste Bette äußern muß. Denn da das Feuer in der Oeffnung k auf seinem Wege nichts als entzündliche Materien antrift, und da es durch den Zug der Luft nach dem Mittelpunkte zu getrieben wird, weil die Spitze des Meilers nicht mit Erde bedeckt ist; so nimmt die Luft, welche durch die Hitze verdünnet wird, ihren Zug die Länge des Mastes hinauf, der in dem Mittelpunkt stehet, und mit dieser Luft geht ein dicker, weißer und feuchter Rauch durch die obere Oeffnung hinaus, die man als den Schornstein des Meilers betrachten kann. Die äußere Luft, welche keine andere Oeffnung hat, als die von dem Kanal k, wo man das Feuer angezündet hat, wodurch sie eindringen könnte, bläset unaufhörlich die Flamme an, und treibt das Feuer gegen den Mittelpunkt des untersten Bettes. Allein dieses Centralfeuer, wie ich es wohl nennen kann, verursachet eine Hitze, die sich in alle Theile des Meilers ausbreitet. Denn es ist hier kein Stück Holz, welches nicht rauchet, und mehr oder weniger austrocknet. Ohne Zweifel geht ein Theil dieser Feuchtigkeit oben durch den Schornstein des Meilers hinaus, und ein anderer zieht sich in die Erde oder in die Rasen 2c., womit der Meiler bedeckt ist, weil diese Bedeckung etwas feucht wird. Dem sey indessen, wie ihm wolle, während der Zeit, daß dieser

Zug der Luft dauert, wirkt das Feuer vorzüglich in dem Mittelpunkt des ganzen Meilers, und äußert sich zuvörderst in dem Mittelpunkte des ersten oder untersten Stockwerks thätig, sodann in der Mitte des zweyten, und so fort von Stockwerk zu Stockwerk, so lange die obere Oeffnung des Meilers offen bleibt, dergestalt, daß, wenn man nicht die Vorsicht hätte, dieselbe in einem gewissen Zeitpunkte zuzumachen, alles Holz gänzlich verzehret werden würde.

Daß der Mittelpunkt des Meilers wohl entzündet, und daß die Stange, die hier auch der Mast genannt worden, verzehret ist, erkennet der Köhlermeister an der Verminderung des Rauches, oder Nachlassung seiner Dickheit, nach der Maaße, wie er mehr Schärfe gewinnet, welches man empfindet, wenn man genöthiget ist, in demselben Athem zu holen, wenn man ihn in die Augen bekömmt; und dieses ereignet sich gewöhnlicher Maaßen bey großen Meilern zu Ende der zehnten, zwölften oder funfzehnten Stunde. Alsdann ist der Kohlenbrenner darauf bedacht, die Oeffnung zu verschließen, die er bis hieher oben in dem Meiler erhalten hat, wobey er verschiedene Vorsichten gebraucht, die nicht unterlassen werden müssen. Die Verdünnung der feuchten Dünste, die aus dem Holze herausgehen, erregen zuweilen einen dumpfigen Schall in dem Innersten des Meilers, wodurch eine Bewegung entstehet, die in der äußern

ßern Bedeckung, wenn diese mit Erde gemacht worden, einen Riß verursachet. Hier muß man sofort zu Hülfe kommen; und es wird eine unablässige Aufmerksamkeit erfordert, um alle Stellen, wo Rauch durchdringet, mit Erde und Asche auszubessern. Da der Rauch den Gang anzeigt, den das Feuer nehmen will, so ist es eine Sache von Wichtigkeit, daß der Rauch nicht anderswo durchdringet, als da, wo der Kohlenbrenner das Feuer hingetrieben wissen will.

Wenn der Köhlermeister aus den angegebenen Kennzeichen und an einem kleinen Niedersinken, das sich oben an dem Meiler ereignet, urtheilet, daß es Zeit ist, die obere Oeffnung zu verschließen, so steigt er mittelst einer Leiter hinauf; wobey er nicht die geringste Gefahr läuft, von der Hitze beschweret zu werden, indem die Oberfläche des Meilers noch fast kalt ist, besonders unten herum. Er wirft zuvörderst einige Körbe voll Kohlen in die Oeffnung des Meilers, um die Gluth, die im Mittelpunkte seyn muß, zu unterhalten; den leeren Raum, der daselbst entstanden ist, auszufüllen; vorzubeugen, daß der Meiler nicht zu bald niedersinke; und endlich der Erde und Asche, oder den Rasenstücken, womit er die Oeffnung zuschließen will, eine Unterstützung zu verschaffen. Sobald er die Oeffnung zugemacht hat, so daß kein Rauch mehr herausdringet, so muß er auch keine Zeit verlieren, den oben beschriebenen untern Kanal k Fig. 2.

zuzumachen, durch welchen er das Feuer angezündet hat. Denn wenn die Luft fortführe, in den Meiler einzudringen, so könnte sie das Feuer dergestalt erregen, daß die Bedeckung oder die Bekleidung des Meilers Risse bekäme, welches nachtheilige Folgen haben müßte, wenn man nicht alsobald zu Hülfe käme.

Kurz, es ist nöthig, daß der Kohlenbrenner allezeit Meister sey, die Wirksamkeit des Feuers gegen diejenigen Theile zu leiten, von welchen er urtheilen kann, daß sie noch nicht hinreichend durchdrungen sind.

Wenn der Meiler solchergestalt auf allen Seiten verschlossen bliebe, so würde das Holz gar bald ganz und gar aufhören zu brennen: denn das Feuer kann ohne Erneuerung der Luft nicht unterhalten werden. Allein eben deshalb ist der Kohlenbrenner Meister, das in dem Mittelpunkte befindliche Feuer in denjenigen Theil des Ofens zu treiben, wo er es für nöthig erachtet, um seine Kohlen wohl zu brennen. Er hat weiter nichts zu thun, als in diesen Gegenden Oeffnungen zu machen; der Rauch wird da heraus dringen, und das Feuer dem Rauch folgen. Ob zwar das Feuer erstirbt, wenn man die Oeffnung verschließet, so verlöscht es doch nicht plötzlich. Es erreget sogar eine heftige Hitze in dem ganzen Meiler, und die äußere Bedeckung wird feucht verspüret.

Der Köhlermeister muß fleißig die Gegenden untersuchen, wo der Meiler am wenigsten er-

erhitzt ist; und dieses ereignet sich gemeiniglich unten herum. Er sticht alsdann daselbst mit dem Stiel seiner Schaufel zehen bis zwölf verschiedene Löcher in die Bedeckung des Meilers, etwan einen halben Fuß von einander. Dies sind eben so viel kleine Schornsteine, durch welche man den Rauch dringen siehet; und diese Seite wird sich dann bald dergestalt erhitzen, daß man sie nicht mehr angreifen kann; dahingegen andere Theile des Meilers zu eben der Zeit beynahe kalt seyn werden.

Daß das Feuer sich allenthalben gleichförmig verbreitet habe, urtheilet man daraus, wenn das Niedersinken des Meilers in seinem ganzen Umfange gleichmäßig geschiehet. Wenn er an einer Stelle zu tief niedersinket, so muß man Erde dahin bringen, hingegen an den Stellen, wo er nicht gesunken ist, Oeffnungen machen.

Die Ursachen, warum der Köhlermeister in der Errichtung des Meilers und in der Art das Feuer zu regieren, also verfähret, werden sich denjenigen, die einige Betrachtung darüber anstellen, von selbst vor Augen stellen. Um das Holz in Kohlen zu verwandeln, muß man die Feuchtigkeit desselben verflüchtigen, und den dicken und brennlichen Theil, der sich nicht mit der Feuchtigkeit verflüchtiget, gleichsam schmelzend machen. Alles kommt mithin darauf an, das Holz nur bis auf einen gewissen Punkt zu brennen. Um dieses aber bewerkstelligen zu können, muß man den Anfang machen, im Mittelpunkte eine beträchtliche Gluth zu erregen, und hernach die Wirksamkeit des Feuers nach den verschiedenen Theilen des Meilers zu leiten wissen, dergestalt, daß das Feuer nur so viel und nicht mehr auf das Holz wirke, als es geradezu nöthig ist. Man ist nicht im Stande, weder das Feuer aufzuhalten, noch dessen Thätigkeit gradeweise zu regieren, wenn diese auf ein Stück Holz wirkt, das in freyer Luft brennet. Allein die Bedekkung des Meilers setzt den Köhlermeister in Stand, daß er das Feuer regieren kann, wie es ihm gefällt, und aufhalten, wann es ihm beliebt. Wir haben gesehen, daß er es nach einer Seite gelenket hat; will er es nun hier vermindern, und auf der entgegengesetzten Seite erregen, so darf er nur die Löcher auf dieser Seite zumachen, und auf der andern neue eröffnen; und das wird man ihn beständig thun sehen. Zu dieser Leitung des Feuers also wird, wie bereits bemerkt worden, eine starke Gluth im Mittelpunkt des Meilers erfordert, die man dadurch bewirkt, wenn man die obere Oeffnung des Meilers anfangs einen langen Zeitraum frey läßt. Man sieht hieraus, weshalb das Verfahren derer nicht zu loben ist, die statt der obern großen Oeffnung, eine Menge kleine Löcher rund um den Meiler herum machen.

Nun möchte mancher fragen, aus welcher Ursache bey Errichtung eines Meilers, die senkrechte Stellung des Holzes der horizontalen

len Lage desselben vorgezogen wird? warum man die Stücken Holz aufrecht gestellet hat, anstatt sie der Länge nach auf die Erde und auf einander zu legen? Ohne Zweifel hat man die eine sowohl als die andere Methode versucht, und man ist bey derjenigen geblieben, die sich durch Erfahrungen als die beste bestätigt hat. Ohne indessen auf die Erfahrungen Betracht zu machen, die ohne Zweifel oft wiederholt worden sind, so muß man doch zugeben, daß die Figur, die man den Meilern giebt, eine der besten ist, nicht allein, um sie standhaft zu machen, sondern auch wegen der dabey leichten allenthalben gleichen Wirkung des Feuers. Wenn man ihnen eben diese Figur gäbe, und doch die Stücken Holz in der Länge legte; so würden die Umkreise eines jeden Bettes mehr besetzt seyn, und es würden sich weniger Zwischenräume nach dem Mast zu finden, als gegen den äußersten Umfang, indem die Stücken Holz gleichsam auseinander getheilte Speichen vorstellen würden. Dahingegen erlangt man bey der gewöhnlichen Errichtungsart leere Zwischenräume, die fast allenthalben gleich sind; woraus der Vortheil entstehet, daß das Feuer nirgends Schwierigkeit findet fortzudringen. Der Rauch und die erhitzte Luft haben allenthalben einen gleich freyen Gang, weil sie durch die Aufrechtstellung der Stücken Holz um ein jedes eine Art von kleinen Schornsteinen finden, und die Hitze auf die ganze Länge des Stück Holzes wirken kann. Wenn man in einem Kamin des Hauses viel Löschkohlen machen will, so ist nichts besser, als das Holz aufrecht zu stellen.

Die Kohlenbrenner mögen unterdessen für Gründe gehabt haben, das Holz aufrecht zu stellen, was für welche sie wollen; wenn sie urtheilen, daß das Holz auf der Seite, wo sie das Feuer hingezogen haben, hinlänglich in Kohlen verwandelt ist, so verstopfen sie hier die Löcher, durch welche der Rauch ging, und machen neue auf einer andern Seite, wo sie verlangen, daß sich das Feuer hinziehen soll. Allein wann der Köhler die alten Löcher verschließen und neue machen soll, das ist die Wissenschaft, die hauptsächlich in der Beurtheilung beruhet, welche sich nach der Menge und Dicke des Rauches richtet.

Die Chemisten werden öfters in ihren Arbeiten von dem Winde beschweret, der in ihre Oefen dringet, und mehr Feuer erreget, als es den Endzwecken ihrer Arbeiten gemäß ist. Sie verschließen alsdann die Fenstern und Thüren, welche den Zug der Luft verursachen. Dergleichen Unbequemlichkeiten sind auch zu Zeiten die Kohlenbrenner ausgesetzt, indem die großen Winde zu viel Heftigkeit des Feuers erregen. Alsdann umgeben sie ihren Meiler mit einer Art von Schirm, den sie von geflochtenen Horden machen, welche sieben bis acht Fuß hoch, und sechs bis sieben Fuß breit sind.

Ein großer Kohlenmeiler stehet gewöhnlich sechs bis sieben Tage im Feuer, und ein kleiner drey bis vier Tage, ehe alles Holz gehörig gebrannt ist. Alsdann, wenn man wahrnimmt, daß das Feuer den Meiler allenthalben durchdrungen hat, und die sehr erhitzte Bedeckung desselben in der Dunkelheit roth erscheinet, so verschließt man alle Löcher, und man erneuert die Bekleidung mit Erde und Kohlenstaub, oder mit Rasenstücken, damit das Feuer sich ganz und gar auslösche.

Die Größe der Ausdehnung des Holzes vermindert sich nach der Maaße wie es sich in Kohlen verwandelt; ein Stück Holz z. B. von zwölf Zoll im Umfange vermindert sich bis auf acht Zoll, wenn es zu Kohlen gebrannt ist; und von zwey oder drey Fuß Länge verliehret es zwey bis drey Zoll. Und eben so nimmt auch die Größe des Meilers ab. Die Meiler, worin das Feuer ausgelöscht ist, haben nicht die Hälfte der Höhe, als sie hatten, da sie bedeckt wurden. Man muß aber deshalb nicht schließen, daß die Größe der Ausdehnung des Holzes sich während der Verwandlung in Kohlen auf die Hälfte vermindert hätte. Denn der Grund des Meilers vermindert sich nicht in eben dem Verhältnisse, als seine Höhe; die Verminderung ist hier fast unmerklich. Ist der Meiler mit Erde bedeckt, so setzt sie sich in eben dem Maaße, als jener niedersinkt; dieses Niedersinken verursacht häufige Ritze, welche dem Rauche Ausgang verschaffen, in solchen Gegenden, wo sie nach der Absicht des Köhlermeisters nicht seyn sollten. Allein er ist beständig aufmerksam, diese entstandenen Ritzen sowohl, als die mit Vorsatz gemachten Löcher wieder mit Erde zuzumachen.

e) Die Erkaltung des Meilers. Wenn alle Oeffnungen des Meilers verschlossen sind, so vermindert sich die Wirkung des Feuers sehr beträchtlich. Allein in dem Innersten desselben befindet sich doch noch eine große Hitze, die eine Zeitlang noch viel beyträgt, die Kohlen vollends durchzubrennen. Indessen verlöscht doch das Feuer nach und nach; und wenn die Köhler urtheilen, daß es ganz und gar aus ist; so öffnen sie denselben, um dessen Erkaltung zu befördern, auf folgende Art. Ein Arbeiter zieht mit einer Harke, die lange eiserne Zähne hat, und die sie einen Bogen nennen, den größten Theil der Erde oder Rasen, womit der Meiler bedeckt war, herunter. Ein zweyter Arbeiter, der jenem folgt, nimmt mit einem wie eine Krücke gestalteten hölzernen Instrument die trockene und so zu sagen pulverisirte Erde so weit hinweg, bis die Gestalt der Kohlen hervorscheinet, ohne sie jedoch ganz bloß zu machen. Gleichwie aber, wenn nur noch ein wenig Feuer in dem Meiler wäre, sich derselbe sofort wieder entzünden würde, so kommt ein dritter Arbeiter auf den zweyten, und fasset mit einer Schaufel die herunter gerissene Erde, und wirft sie wieder auf den

Mei-

Meiler. Zwar beschleunigen sie durch diese Arbeit die Erkaltung der Kohlen, und laufen dabey nicht Gefahr, daß sie solche sich wieder entzünden sehen; allein diese Arbeit ist doch in allem Betracht sehr unnöthig, und wird auch nur in den wenigsten Wäldern vorgenommen. Denn warum sollte man nicht ein paar Tage länger warten können, um den Meiler von selbst gänzlich erkalten zu lassen? Endlich, wenn der Meiler völlig erkaltet ist, so nimmt man alle Bedeckung davon weg, und die Kohlen heraus, um sie fortzuschaffen.

Unterdessen ist es allemal klug gehandelt, bey Eröffnung des Meilers die Kohlen nur auf einer Seite heraus zu ziehen, damit, wenn man noch etwa Feuer entdecken sollte, man mit der Arbeit einhalten, und die Stelle sogleich wieder zudecken könne, um einer allgemeinen Entzündung vorzubeugen.

f) Die Fortschaffung der Kohlen auf die Hüttenwerke und in die Städte. Hierzu bedient man sich verschiedener Methoden. Wenn die Kohlen völlig erkaltet sind, und man gewiß ist, daß sie kein Feuer mehr enthalten, so schafft man sie entweder auf Lastthieren, oder auf Karren nach den Gegenden, wo sie gebraucht werden sollen; oder an das Ufer eines Flusses, wo sie in Schiffsgefäße eingeladen werden. Will man sie durch Lastthiere fortbringen, so steckt man sie zuweilen in große Säcke, die man den lasttragenden Thieren auflegt, so wie man es mit dem Transport des

Getreides und Mehls macht. In andern Wäldern schüttet man die Kohlen in kleine Säcke, die man als eine Pyramide mit der Länge des Pferdes gleichförmig aufladet. Wenn aber die Wege gut sind, so zieht man allemal die Fortschaffung mit Karren vor; und es geschieht entweder auf Karren mit einem besondern Deckel, oder auf offenen Karren oder Bannen, wie man sie nennet. Jene sind große Karren, deren Leitern mit geflochtenen Horden besetzt sind. Es ist kein Boden in diesen Karren, oder vielmehr der Boden besteht aus geflochtenen Horden, die von Stricken getragen werden, und einen unter sich gehenden Bauch haben. Da die Kohlen eben keine schwere Materie sind, so vermehrt man durch diesen ausgehöhlten Boden den innern Raum des Fuhrwerks, um mehr Kohlen zu fassen, auch füllet man den Karren bis zur Form eines Daches, und bedeckt ihn gleichfalls mit geflochtenen Horden, damit die Kohlen nicht herunter fallen. Die Höhlung des Bodens verursacht, daß der Karren weniger in Gefahr steht, umzuwerfen. Jedoch kann man sich dessen nur auf Straßen bedienen, wo es keine tiefe Gleisen giebt.

In den Landen, wo es Hüttenwerke giebt, schafft man die Kohlen in einer Art von Karren fort, die man Bannen nennt, und die der Ordnung und Richtigkeit wegen geeickt sind. Dieses sind eine Art von Karren wie die Müllkarren; sie sind eben so auf allen Seiten mit leichten

ten Brettern bekleidet; jedoch leeret man sie nicht so aus, daß man sie hinten überkippt, wie die Kothkarren, sondern der Boden bestehet aus vier Fallbrettern, die sich öffnen lassen, wenn man den Karren will ausleeren.

Man muß, wie bereits erinnert worden, vollkommen versichert seyn, daß die Kohlen gänzlich verlöschet sind, bevor man sie aus dem Meiler fortschaffet. Dieses ist desto wichtiger, da das Feuer in den großen Kohlen zuweilen sich lange versteckt hält; und man hat mit Kohlen beladene Karren und sogar Gebäude, wo man sie in Magazinen aufbewahret hat, gleichsam von selbst vom Feuer ergriffen gesehen. Diese Ursache ist es hauptsächlich, warum die Köhler nicht gern Baumäste verkohlen, weil sich das Feuer in den hohlen Aesten, in den verfaulten Knorren und dergleichen lange Zeit verhalten kann, ohne daß man etwas davon wahrnimmt.

g) **Die Wahl und der Gebrauch der Kohlen.** Gute Kohlen müssen leicht, klingend und von großen glänzenden Stücken seyn, die sich leicht zerbrechen lassen. Die besten sind die, welche von Rundhölzern gebrannt sind und keine dicke Schale an sich haben. Die Kohlen, die in kleinen Stückchen zerfallen sind, lassen nicht Luft genug zwischen den Stücken, mithin entzünden sie sich schwerer, rauchen stark, und verbreiten einen üblen Geruch von sich. Diejenigen, die zu stark gebrannt sind, sind nicht viel besser, als Lösch- oder Bäckerkohlen, und geben wenig Hitze. Kohlen, die nicht vollkommen durchgebrannt sind, haben eine graue Farbe; sie zerbrechen schwer, und im Brennen zeigen sie eine weiße Flamme, die vielen Rauch von sich giebt; sie brennen auf eben die Art, wie Holz, und daher pflegt man die Kohlen Raucher zu nennen. Naß gewordene Kohlen sind schwer, und haben den Fehler, daß sie sich mit Mühe anzünden lassen, und niemals recht lebhaft brennen; sie verzehren sich daher, ohne das heftige Feuer zu geben, das man von ihnen verlanget, wenn nicht wenigstens das Feuer durch ein starkes Gebläse angefacht wird. Ich glaube nicht, daß die Theile der Kohlen selbst von Wasser durchdrungen werden können; denn die Kohlen erhalten sich sehr gut in Kellern, und sogar besser, als an trockenen Oertern, wo sie leicht in kleine Stückchen zerfallen. Unterdessen kann doch das Wasser in ihre Poren eindringen, weil sie wirklich schwerer werden.

Die meisten Hammerschmiede behaupten, daß die an einem trockenen Orte aufbewahrten Kohlen desto besser werden, je älter sie sind. Wenigstens muß man für die Hammer- und Schmelzwerke keine Kohlen gebrauchen, die sich nicht drey Wochen und länger abgekühlt haben. Zu frische Kohlen verzehren sich zu schleunig und ihre zu heftige Hitze ist der Güte des Eisens nachtheilig.

Diese angezeigten Eigenschaften müssen die Kohlen haben, zu was für einem Gebrauch man sie anwendet; und ihre Vorzüge vor dem Holze bestehen darin, daß sie ein lebhaftes und allezeit glei-

gleiches Feuer machen, ohne zu rauchen. Dieser Umstand macht sie auch in den Küchen nothwendig, um damit diejenigen Feuer zu unterhalten, worüber solche Speisen zubereitet werden, die, wenn man sie über Holzfeuer bringt, nicht selten einen unangenehmen Rauchgeschmack erlangen, und oft anbrennen.

Aus eben diesen Ursachen können die Handwerker, welche mit hartem Schlagloth zu löthen haben, der Kohlen nicht entrathen; und zwar sind ihnen solche Kohlen am dienlichsten, die nicht sehr springen. Dieselbe Bewandniß hat es mit den Metallgießern, die ihr Metall öfters mit Kohlen bedecken, um zu verhindern, daß es sich nicht calcinire. In diesem Falle zeigen sich die Holzkohlen von den Steinkohlen sehr verschieden; denn diese leztern enthalten viele schwefliche Theilchen, die das Metall zerstören; dahingegen die Holzkohlen dem Metalle das brennliche Wesen wieder mittheilen, das etwa die Heftigkeit des Feuers verflüchtigt haben könnte. Eben diese Ursache ist es, warum die Holzkohlen bey der Bearbeitung der Erze so nützlich werden. Ohne Zweifel wird man doch leicht begreifen, daß hier von solchen Metallgießern nicht die Rede ist, die das Metall durch eine Reverberirung von Flammenfeuer mit Holz in Fluß bringen; z. B. von denen, welche die Glocken, die metallenen Kanonen ꝛc. gießen.

Obgleich die Steinkohlen in Ansehung des Gebrauchs für die Hammerschmiede den Holzkohlen vorzuziehen sind, weil sie eine größere

Hitze hervorbringen, so hindert doch dieses nicht, daß man nicht in denen Gegenden, wo die Steinkohlen ermangeln, in Schmiedung der größten Stücken Eisen mit Holzkohlen gar wohl zu Stande kommen sollte. Es giebt in solchen Provinzen Arbeiter, welche die Wirksamkeit der Holzkohlen durch das Holz selbst zu vermehren wissen Ungeachtet auch die Holzkohlen nicht eine so große Hitze geben, als die Steinkohlen, weshalb die letztern zum Löthen dienlicher sind; so durchdringet doch die Hitze von Holzkohlen das Eisen viel besser, ohne dessen Oberfläche zu verbrennen; daher halten auch einige Hammerschmiede dieselben bey dem dicksten Eisen für vorzüglicher.

In den großen Oefen, wie diejenigen sind, worin man das Eisen schmelzet, verbraucht man nichts als große Kohlen. Es würde sogar ohne Unbequemlichkeit nicht abgehen, wenn man kleine Kohlen dazu nehmen wollte. Daher werden die großen Kohlen, welche für die Hüttenwerke bestimmt sind, von den kleinen vorher abgesondert. Diese Absonderung geschiehet auf eine sehr geschwinde Art. Denn die langen Zinken der Harke, womit man das Kohlenmaaß anfüllet, wovon oben geredet worden, stehen so weit auseinander, daß man damit nur die großen Kohlen an sich ziehen kann; und die kleinen, die zwischen die Zinken durchgehen, bleiben auf dem Haufen liegen. Diese Absonderung ist zu dem Endzwecke vollkommen zureichend; denn wenn auch mit den großen Kohlen

einige

einige kleine mit fortgezogen werden sollten, so wird doch solches allemal in so geringer Quantität geschehen, daß daraus keine Unbequemlichkeit entstehen kann.

Die besten Eigenschaften der für die Hammerwerke bestimmten Kohlen bestehen darin, daß sie viel Hitze geben und geschmeidig sind. Die Arbeiter nennen geschmeidige Kohlen diejenigen, die das geschmeidigste Eisen machen; so wie die spröden Kohlen diejenige heißen, die ein sprödes Eisen zuwege bringen. Denn man hält es für gewiß, daß die Eigenschaften der Kohlen einen großen Einfluß auf das Metall haben. Nun aber findet man die beyden Eigenschaften, eine große Hitze zu geben und geschmeidig zu seyn, selten in den Kohlen beysammen. Alle diejenigen, welche die Erze bearbeiten, halten dafür, daß die Kohlen von weichem Holze zwar geschmeidig sind, aber wenig Hitze geben; dahingegen die Kohlen von hartem Holze, wie z. B. von Eichen, zwar viel Hitze geben, aber man glaubt, daß sie spröde sind. Die Personen, die am meisten Erfahrungen in diesen Dingen haben, sagen, daß es zwischen den spröden Kohlen, die viel hitzen, und den geschmeidigen Kohlen, die wenig hitzen, einen gewissen Mittelweg gebe, den man wählen könne, und daß eichene Kohlen gefunden werden, die ungleich spröder sind, als andere. Die spröden eichenen Kohlen sind nach ihrer Meinung diejenigen, die von den Zacken und von den alten Eichen gemacht worden sind. Die Kohlen von eichenem

Stangenholze aus dem Gehäue haben viel Hitze und sind doch geschmeidig genug; weshalb sie vor andern den Vorzug verdienen. Da indessen die Geschmeidigkeit des Eisens noch von vielen andern Umständen abhängen kann, als von der Beschaffenheit der Kohlen, so ist es eben so ausgemacht nicht, daß die Kohlen einen so großen Einfluß auf die Beschaffenheit des Eisens haben sollten, als viele Hammerschmiede vorgeben. Denn im Grunde ist die Sprödigkeit und Geschmeidigkeit der Kohlen weiter nichts als eine Grille der hohen-Ofen- und anderer Eisenarbeiter, womit sie entweder ihre eigenen in der Bearbeitung der Minern begangenen Fehler bedecken, oder wohinter sie ihre Nachlässigkeit verstecken, daß sie nicht darauf Acht haben, wenn sich die Natur ihrer Minern in den Gruben verändert. Man kann zwar nicht leugnen, daß die Kohlen zuweilen eine besondere, und sogar arsenikalische Eigenschaft erlangen könnten, welche das Eisen einigermaßen spröde zu machen im Stande wäre; allein eine solche Begebenheit ereignet sich nur bey ganz außerordentlichen Umständen, und deshalb kann man nicht eine allgemeine Eintheilung der Kohlen, in spröde und geschmeidige, am allerwenigsten nach den Holzarten machen.

Die Zeichner, welche Kohlen zu ihren Reißstiften gebrauchen, und die Goldarbeiter sowohl, als andere Künstler, welche sich der Kohlen zum Poliren der Metalle bedienen, wenden den Ausdruck von geschmeidigen Kohlen in einer viel ge-

genauern Bedeutung an, als die Hammerschmiede; indem sie dadurch zarte Kohlen, die ein feines Korn haben, andeuten wollen, wie die von weichem Holze sind.

Man zerreibt auch die Kohlen, um ein schwarzes Pulver daraus zu machen, dessen man sich zur Mahlerey bedienet.

Alle Kohlen detoniren mit dem Salpeter; und aus dieser Ursache nimmt man sie in die Zusammensetzung des Schießpulvers.

4) **Die Verkohlung des Torfes in Oefen.** Es ist bereits oben angezeigt, daß im Anfange dieses Jahrhundert im Sächsischen der Torf in Meilern verkohlet worden. Man hat aber nachher diese Verkohlungsart des Torfes, nach den dabey gemachten Vorkehrungen als unzweckmäßig, mithin verwerflich gefunden, und daher eine Art eiserner Oefen erfunden, durch welche die wichtigen Hindernisse, die mit der Meilerverkohlung des Torfes verbunden sind, gänzlich gehoben werden. Die größte Unbequemlichkeit, die damit verbunden ist, bestehet darin, daß sich die Torfkohlen nicht löschen, und daß dieses auch durch das Wasser nicht erreicht werden kann und darf. Denn eine Torfkohle hält nicht nur im Wasser lange Feuer, sondern die vielen erdenen Theile werden auch zugleich davon aufgelößt, und ihr Zusammenhang getrennet. In den Oefen können sie völlig gelöscht werden, weil dabey der Zutritt der Luft völlig gehoben werden kann.

Diese Oefen haben eine konische Figur, und bestehen aus drey bis vier eisernen Aufsätzen A, B, C, Fig. 3. Sie stehen auf einem gemauerten Heerde D, deren mehrere neben einander darauf stehen können, worin sich für jeden Ofen ein Kamin E befindet. Auf diesem liegt eine runde Platte F, in deren Mitte eine viereckichte Oeffnung G, worüber der Rost gelegt wird, und die Aufsätze des Ofens stehen. An dieser Oeffnung und an dem Kamine sind eiserne Thüren. Der oberste Aufsatz G hat auch oben eine runde Oeffnung H.

Soll nun der Ofen gefüllt werden, so wird durch diese etwas Reisig auf den Rost über der Oeffnung G, und der Ofen mit trockenen Torfstücken voll geworfen. Hierauf wird das Reisig durch die untere Oeffnung G angezündet; und so bald der Kohlenbrenner merkt, daß der Torf brennet, setzt er die Fallthüre vor der untern Oeffnung G zu, verschließt auch die Oeffnung des Kamins E durch die daran befindliche eiserne Thüre, und verschmieret solche mit Leimen, damit der Zutritt der Luft hiedurch gänzlich gehoben werde. Auf diese Weise fängt die Verkohlung von unten an, und da sich die Kohlen dabey senken; so wird der Ofen so lange nachgefüllt, bis er gänzlich voller Kohlen ist. Alsdann wird auch die obere Oeffnung H durch einen dazu gegossenen eisernen Deckel I, zugemacht, verschmieret, und mit Sande belegt.

Diese

Diese ganze Verkohlung pflegt ungefähr zwölf Stunden zu dauern, und in acht bis zehn Stunden pflegt der Ofen abgekühlt zu seyn. Es wird also binnen vier und zwanzig Stunden der Ofen gefüllt, verkohlt und ausgeladen. Letzteres geschieht unten in der Oeffnung der Grundplatte G, wo der Rost, welcher nur aus einzelnen, eisernen Stäben besteht, weggezogen wird, worauf alsdann die Kohlen von selbst in den Kamin E herunterfallen. Von der Füllung dieser Oefen wird noch, der Deutlichkeit wegen, anzuführen seyn, daß sie wegen ihrer Höhe durch den Fußboden des zweyten Stockwerks stoßen, und daher leicht gefüllt und zugemacht werden können.

5) Das Abschwefeln der Steinkohlen. Die Steinkohlen sind häufig mit Schwefelkies und scharfen Säuren vermischt, wodurch sie zu metallurgischen Arbeiten schädlich und zum häuslichen Gebrauch unerträglich sind. Die Engländer haben daher die Kunst erfunden, die Steinkohlen von jenen Bestandtheilen zu reinigen, welches man abschwefeln nennet. Es hat dieses viele Gleichheit mit dem Verkohlen des Holzes im Meiler.

Es wird eine Stelle des Erdbodens in der Ründe horizontal gemacht, deren Durchmesser zehn bis funfzehn Fuß halten muß. Hierauf müssen die Steinkohlen, welche in Stükken von drey bis vier kubischen Zollen zerschlagen, und von allen Steinen gereinigt, Stück vor Stück gelegt werden, daß die Gestalt eines Holzkohlenmeilers herauskommt, dessen Höhe zwey, höchstens drittehalb Fuß betragen muß. In der Haube bleibt eine Tiefe von sechs bis acht Zollen. Hierauf wird der Haufen dicht mit Stroh bedeckt, und einen Zoll hoch mit nicht zu trockner Erde beworfen. In die in der Haube offen gelassene Tiefe werden angezündete Kohlen geworfen, und wenn derselbe brennt, auch diese gedeckt, und damit übrigens so verfahren, wie bey der gewöhnlichen Holzverkohlung im Meiler.

Zu Saarbrück hat man besondere Oefen, worin die Steinkohlen abgeschwefelt werden. Da aber das Produkt an Eisen geringer, als mit den Kohlen ausfiel, und das geschmiedete Eisen von schlechter Beschaffenheit war, so hat man diesen Gebrauch aufgegeben: allein man hat fortgefahren, sie auf diese Art abzuschwefeln, weil das Oel und Erdharz, das daraus geschieden worden, nebst den Steinkohlen, welche zu Heitzung der Zimmer gebraucht werden können, die Arbeit hinreichend belohnt hat.

Die Engelländer erhalten durch die Destillation in einem verschlossenen Ofen die fetten Theile der Steinkohlen, woraus sie Theer machen, und alsdann diese Kohlen Cinders nennen.

Anhang.

Erklärung einiger bey den Kohlenbrennern gewöhnlichen Ausdrücke.

Ausstümpeln. Heißt, die Zwischeräume des über einander gestellten Holzes in einem Meiler mit kleinen Holzstücken, die man Knippen nennet, ausfüllen.

Banne, ein Karren oder Fuhrwerk, ist wie ein Koffer gestaltet, das geeickt wird, um zu bestimmen, wieviel Kohlen es enthalten soll. Der Boden der Banne öffnet sich wie Fallthüren, die niederfallen, wenn man die Kohlen ausladen will.

Ein Bogen. Dieses ist eine Harke mit langen eisernen Zinken oder Zacken, deren sich die Köhler bedienen, um die Bedeckung von ihrem Meiler herunter zu ziehen, wenn die Kohlen gebrannt sind. Sie dienet auch, um die Maaßen und Körbe mit Kohlen anzufüllen.

Braise, schlechte Kohlen. Also nennet man halbgebranntes Holz, oder zu stark gebrannte Kohlen. In diesem Verstande nennet man die Löschkohlen der Bäcker und die Heerdkohlen Braise. Man nennet auch die glühenden Kohlen, die auf dem Heerde brennen, nachdem das Holz verbrannt ist, also. In dieser Bedeutung sagt man: heiß, wie Braise.

Fuhr=

Fuhrwerk. S. Banne.

Das Große Obere. Das dritte Bette von Scheiten, wenn man einen Zünder formiret. S. Zünder.

Heerd des Meilers, ist der Ort, wo der Meiler angezündet wird.

Holzschlag. Ein gewisser Bezirk, den man in einem Walde bestimmet, daß daselbst das Holz gefället werden soll. Die Forstbedienten weisen diesen Schlag an. Man theilt auch einen Forst in gewisse Holzschläge und Gehäue ein. Diejenigen die Holz erstanden haben, sind verpflichtet, den Holzschlag binnen einer gewissen Zeit leer zu machen. Alle Jahre werden so und so viel Morgen zum Holzschlage bestimmt rc.

Karren. S. Banne.

Das Kleine Obere. Das vierte Bette oder Stockwerk von Scheiten, das man setzt, um einen Meiler zu machen. S. Zünder.

Knippen. Kleine dünne Holzstücken, womit der Meiler ausgestümpelt wird. S. Ausstümpeln.

Köhlergehäue. Ein Holzschlag, den man bearbeitet. Dieser Ausdruck ist nicht in allen Forsten gewöhnlich. S. Holzschlag.

Köhlergraben. Bedeutet eben die Sache, als Meilerplatz. Man bedienet sich noch dieses Ausdrucks, ob man gleich die Kohlen

len fast überall nicht mehr in Gruben brennet.

Kohlen. Sind ein halbverbranntes Holz, das keinen Rauch von sich giebt, doch aber einen scharfen Dunst hat, und welches nur eine zarte Flamme, gemeiniglich von blaulichter Farbe zeiget.

Die gegrabenen Kohlen, die man gewöhnlich Erd- oder Steinkohlen nennet, bestehen aus einer Erde, die mit einem harzigen und brennbaren Wesen durchdrungen ist.

Kohlenbrennen. Heißt, den Meiler anzünden, und das Feuer solchergestalt leiten, daß das Holz in gute Kohlen verwandelt wird. Wenn diese Arbeit wohl von statten gegangen ist, so sagen die Köhler, daß sie einen guten Brand gethan haben.

Kohlenofen, oder gewöhnlicher Meiler. So nennet man die Pyramide von Holz, wenn sie bekleidet, und mit Erde oder Rasen bedeckt ist. Man sagt, den Meiler anzünden, kühlen, ausleeren 2c.

Kohlenstaub. So nennet man in denen Gegenden, wo man Kohlen verkauft und verbraucht, die Kohlen, welche in Staub und sehr kleine Stückchen zerfallen sind.

Meiler. S. Kohlenofen.

Einen Meiler aufrichten. Heißt, das Holz solchergestalt ordnen, um einen Zünder zu formiren. S. Zünder.

Einen Meiler bedecken, bekleiden, belauben, heißt, wenn man das als einen Zünder gesetzte Holz mit Erde, mit Kohlenstaub, gewöhnlich mit Rasen, und zuweilen mit Laub bedeckt.

Meilerplatz, Meilerstätte. Man nennet also die Plätze zum Verkohlen, oder die Stelle, wo man den Meiler aufrichtet, oder den Köhlergraben macht.

Quandel. Der Mittelpunkt eines Meilers. Die Stange, welche in diesem Mittelpunkt aufgerichtet wird, heißt der Quandelpfahl.

Raucher. Dies ist eine Kohle, die nicht genug gebrannt ist, und noch etwas von der Natur des Holzes an sich hat, mithin Rauch von sich giebt, und eine Flamme hervorbringt.

Schindel. Ist das zweyte Stockwerk der Scheite. S. Zünder.

Schlechte Kohlen. S. Braise.

Schornstein des Meilers. Ist der leere Raum, den man in dem Mittelpunkt des Meilers erhält, um dem ersten Rauch den Ausgang zu verschaffen.

Zünder. Also nennen die Köhler ihren Meiler, wenn er bloß erst angefangen ist. Er erlangt den Namen eines Ofens oder Meilers nicht eher, bis er bedeckt ist. Die Zünder bestehen gemeiniglich aus vier Stockwerken von Scheiten, eines über das andere gesetzt. Auf das erste Stockwerk, welches den Grund ausmacht, wird ein zwey-

zweytes aufgeführet, welches die Schindel genennet wird. Das dritte heißt das große Obere, und das vierte das kleine Obere. Das Wort kommt daher, daß dieser Haufen Holz bestimmt ist, angezündet zu werden.

Zurichter. Die Köhler nennen denjenigen unter ihnen also, welcher den Platz abzeichnet und eben macht, worauf der Meiler zu stehen kommen soll. Da dieses ihr geschicktester Arbeiter thut, so ist es eben derselbe, der das Holz setzet und ordnet, um den Zünder zu bilden.

Zweyter Abschnitt.

Der Fischer.

Der Fischfang, oder die Art und Weise zu fischen, oder Fische zu fangen, ist, nach Beschaffenheit und Gelegenheit des Orts und nach der Art der Fische, die gefangen werden sollen, sehr verschieden. Und so viele von einander unterschiedene Arten desselben sich finden, so mancherley Künste giebt es auch, welche die Menschen erfunden haben, sich der Fische zu bemächtigen, die sie in den Tiefen der Gewässer, einem Elemente, das ihnen ganz und gar fremde ist, aufsuchen; Künste, die einen großen Vorzug vor den Künsten der Jagd haben, bey welcher die Gewässer, Schlingen und Netze uns in einem Elemente an die Hand gehen, das uns wesentlich zukommt. Der Fischfang wird theils ohne Netze, theils mit Netzen und andern Werkzeugen verrichtet.

I. Die Fischerey ohne Netze. Unter den Arten derselben ist die gewöhnlichste.

1) Die

1) Die Angelfischerey, oder der Fischfang mit Angeln. Sie besteht darin, daß den Fischen eine Lockspeise vorgehalten wird, worin ein sehr spitziger, eiserner Haken, der an einer Leine oder Schnur hängt, verborgen ist. Wenn der Fisch die Lockspeise ergriffen hat, dringt die Spitze des Hakens in sein Maul, und der Fischer, der die Leine an sich zieht, bemächtiget sich desselben. Zu der Erfindung dieser Art des Fischfanges hat, aller Wahrscheinlichkeit nach, die Raubbegierde der Fische Gelegenheit gegeben. Wenn man an einem nur etwas wenig fischreichen Orte ein Stück Fleisch oder Fisch in das Wasser wirft, so sieht man eine große Menge von diesen Thieren dasselbe mit Gierigkeit anfallen, und um die Beute, welche man ihnen darbietet, kämpfen. Diese Bemerkung konnte freylich zu dem Gedanken Anlaß geben, den Köder an eine Leine oder Schnur zu binden, und da ihn der Fisch mit einem Theil der Schnur begierig verschluckt hat, so hat man ihn endlich an sich zu ziehen gelernet, indem man einige auf solche Art ans Land gezogen hat. Wenigstens ist es gewiß, daß man auf diese Weise, ohne einige andere Zurüstung, eine große Menge Fische und Krebse fangen kann. Da man bemerkte, daß der Fisch oft seinen Raub fahren ließ, ehe er an das Land kam: so ist man auf den Einfall gekommen, in den Köder einen sehr spitzigen Haken zu stecken, welcher, indem er in den Gaumen oder

Schlund des Fisches drang, ihn verhinderte, den Köder fahren zu lassen. Es ist wahrscheinlich, daß diese ersten Haken Dornen von Bäumen gewesen sind, und zwar um so mehr, da man sich derselben an einigen Küsten bis jetzt noch bedienet; und Reisende berichten uns, daß die Einwohner von Brasilien Dornen nehmen, wenn sie keine metallene Haken haben. Die Isländer haben sonst ihre Angeln von Knochen gemacht.

Man sieht hieraus, auf welche Art der Fischfang mit den Angeln nach und nach zur Vollkommenheit gebracht worden ist; und so sind auf ähnliche Weise mehrere Arten der Fischerey entstanden; z. B. das Festsaugen der Neunaugen an Steine lehrte uns Krätzhamen machen; das Streichen des Brassens an den Stränden, während der Laichzeit, gab zu den Reusen Anlaß; das Aufsteigen des Hechtes im Frühjahre zu Angeln; das Laichen des Barsches auf steinichten Gründen zu Sackgarnen; das Aufspringen des Lachses gegen steinichten Boden hat endlich Lachsfänge veranlaßt. Hiernach sind also für jede Sorte, Angeln, Zuggarne, Netze, Sackgarne, und dergleichen eingerichtet worden.

Die Angelfischerey hat vor der Netzfischerey, besonders auf dem Meere, vieles voraus. Der Fisch, den man auf diese Art fängt, wird nicht abgemattet. Er ist einigermaaßen ganz lebendig, und kann lange Zeit erhalten werden. Ein anderer eben so schätzbarer Vortheil

theil ist, daß dieser Fischfang die wenigste Verheerung unter den Fischen anrichtet; die Wassergewächse, an welche die Fische ihren Laich legen, und wozwischen sich die kleinen Fische verkrichen, um sich gegen die reißenden Ströhme, und gegen die großen Fische, die sie jagen, in Sicherheit zu setzen, werden nicht zerwühlt und verdorben; er ist also den Oertern, welche zur Ausbrütung der Fische im Meere und in den Flüssen dienen, nicht im geringsten nachtheilig. Indessen finden sich doch bey der Angelfischerey auf und an Flüssen viele Bedenklichkeiten, daher wird sie den Fischern auch nur unter gewissen Einschränkungen verstattet, Fremden aber so wenig, als Unberechtigten das Schießen und Jagen des Wildes in Gehägen, erlaubt.

Zum Fischen mit der Angel gehöret:

a) Eine Leine oder Schnur, woran der Angelhaken befestiget wird, und die man Angelleine oder Angelschnur, an einigen Orten Sieme nennet. Die lange Ruthe, an welche die Schnur befestiget wird, heißt die Angelruthe, Angelstab, Angelstange. Die bey uns gebräuchlichen bestehen aus zwey Stücken. Das untere heißt der Untersatz oder Stab; und das obere, welches an das untere gebunden wird, die Schwippe, Ruthe oder das Aufreis, und von diesem wird die Benennung des ganzen Instruments Angelruthe hergenommen. Man nimmt eine Stange, ungefähr zehn Fuß lang, wozu eine junge Tanne oder Fichte dienen kann, und nachdem sie gehörig getrocknet, gebrannt und möglichst gerade gebogen worden, schneidet oder hobelt man sie so dünne, als es ohne ihr die nöthige Stärke zu benehmen, thunlich ist, damit sie so leicht werde, daß sie dem Fischer nicht zu beschwerlich falle. Wenn man den Stab über der Flamme heiß werden läßt, und mit warmen Leinöl und einem wollenen Tuche stark reibt, so wird er sehr zähe, und kann einer möglichen Gewalt weit besser widerstehen. Oben an dem dünnern Ende wird ein Loch hinein gebohret, oder gebrannt, in welches man einen eisernen Drath, von der Dicke einer Rabenfeder, befestiget. Dieser muß wenigstens vier Zoll hineindringen, und eben so weit herausstehen. Um das Spalten zu verhindern, und doch die nöthige Stärke zu erhalten, umwickelt man, so weit der Drath hineingeht und noch etwas weiter, den Stab mit gepichtem Bindfaden oder geglühtem Messingdrath. Einige schneiden auch den Stab, des bequemern Tragens wegen in der Mitte queer durch, und befestigen ihn, vermittelst eines solchen, aber stärkern Eisendraths, der in dem untern Ende befestiget ist, in den obern Theil aber mit einiger Gewalt hinein geschoben wird; eine solche Stange aber ist nicht zuverlässig, und geht leicht auseinander.

Um der Stange die nöthige Biegsamkeit zu geben, wählt man sich einen geraden Schuß von einer Haselstaude, oder, welches noch besser

besser ist, von wildem Holunder, oder Weißdorn. Diese Reiser müssen im Winter, oder doch wenigstens im Frühjahr, ehe sie treiben, geschnitten seyn, und ungefähr die Dicke des dünnern Endes des Stabes haben, wo der Drath hinein gesteckt war. Wenn sie gebraucht werden sollen, versuche man ihre Biegsamkeit durch das Krümmen. Diejenigen, welche den Versuch aushalten, macht man in der Flamme heiß, und bieget sie so gerade, als sie nur immer werden wollen. Wenn sie noch heiß sind, werden sie mit warmen Leinöl, welches auf ein wollenes Tuch gegossen wird, stark und geschwinde gerieben, wodurch die Biegsamkeit noch mehr befördert wird. Vermittelst eines glühenden Draths, oder feinen Bohrers, wird in das untere Ende des auf solche Weise zubereiteten Reises ein so tiefes Loch gemacht, daß sich das hervorstehende Ende des Draths in die Stange hinein zwingen läßt. Dieses Reis wird eben so mit gepichtem Bindfaden, oder mit Messingdrath umwunden, als der obere Theil der Stange. Mancher behilft sich mit einer solchen Ruthe, ohne weitere Künsteleyen, und bindet nur an das obere Ende eine Schleife von starken Pferdehaaren, um die Angelschnur bey dem Gebrauche hinein zu hängen. Andere setzen noch an das dünnere Ende desselben einen etwa Einen Fuß langen, dünn geschabten, und an der Spitze mit einem kleinen Knopfe versehenen Ansatz von Fischbein, und befestigen denselben dergestalt, daß das dünnere Ende der Ruthe, ungefähr Einen Zoll hin unterwärts, schräge abgeschnitten, und das dickere Ende des Fischbeines, welches daran passen soll, eben so gefeilt wird; sie tauchen beyde Enden in geschmolzen Pech, fügen sie genau an einander, und umwickeln sie mit starker, gezwirnter und gepichter Seide.

b) Die Angelleinen, Angelschnüre, woran der Angelhaken befestiget wird, macht man von Haaren, Seide, Hanf, Baumrinde, und sogar von Metall, und gebraucht dieselben, wie es die Umstände mit sich bringen. Am gewöhnlichsten werden die Angelschnüre aus Pferdehaaren verfertiget, wozu die aus dem Schweife von Hengsten, wegen ihrer Stärke und Länge, die besten sind. Hat man die Wahl der Farbe, so zieht man die hellbraunen und fuchsfarbigen allen andern vor. Die ganz weißen haben selten die erforderliche Stärke, und überdies die schlimme Eigenschaft, daß sie, bey Sonnenschein, im Wasser einen blitzenden Glanz von sich werfen, wodurch die Fische verscheucht werden. Aus dieser Ursache färbt man die Haare zuweilen grün, mit Ruß, Nußblättersaft und Alaun. Die weißen Haare kann man zwar mit Wallnußschalen und Essig beitzen, daß sie braun scheinen, sie werden aber dadurch geschwächt, und mit der Zeit doch wieder weiß. Einige nehmen auch ohne Bedenken schwarzes Haar dazu, und haben den gewissen Vortheil, daß ihre

ihre Schnüre stärker und dauerhafter sind. Weil aber die Fische bey hellem Wetter und Wasser sich davor scheuen, so rathe ich nicht dazu. Die Dicke einer solchen Schnur ist willkührlich; aber ein geübter Fischer muß sich deren von allerley Art anschaffen. Denn es ist begreiflich, daß man mit einer vierdräthigen Schnur keinen vier- oder sechspfündigen Fisch bekommen werde, so wenig man vermuthen kann, daß ein ganz kleiner Fisch sich an eine Schnur von zwölf Haaren hängen werde. Die Länge derselben ist eben so willkührlich; am besten ist es, die Schnur um zwey Händebreit kürzer zu machen, als die Angelruthe ist, weil man mehr Stärke hat, den anbeissenden Fisch aus dem Wasser zu ziehen; man kann auch leicht nach dem Haken sehen, ob er noch mit dem Köder bedeckt ist. Es fallen aber Umstände, z. B. hohe oder buschichte Ufer, Untiefen an dem Rande rc. vor, wo es durchaus nothwendig ist, die Schnüre zu verlängern. In dieser Absicht hält man jederzeit unter den Fischereygeräthschaften eine kurze Schnur von vier oder fünf Fach in Bereitschaft, welche oben an eine zu gebrauchende Schnur, im Fall der Noth, vermittelst einer Schleife leicht anzubringen ist. An einigen Orten heißt eine solche Schnur Hinterfach.

Hat man kein solches Instrument, dergleichen die Schnurmacher und Seiler bey ihren feinen Arbeiten sich bedienen, und man will aus freyer Hand drehen, so sucht man unter guten

Pferdehaaren, nachdem sie eine gute Viertelstunde im Wasser geweicht sind, um sie biegsamer zu machen, solche aus, die gleiche Länge und Farbe haben, faßt die eine Hälfte an dem schwächern und die andere an dem stärkern Ende, gleich zusammen genommen in ein Bündel der rechten Hand und knüpfet sie zusammen. Die Finger der linken Hand werden spitzig zusammen gelegt, und zwischen die Haare gesteckt, daß die nicht zusammengefaßten Enden über die linke Hand herunter frey hängen. Auf diese Weise macht man den Stabel der Seiler mit den Fingern nach. Dicht über dem Finger der linken Hand fängt man an, mit den Fingern der rechten, die Haare zu drehen, indem man sie immer etwas höher hinauf zieht, auf die Art, als wolle man einen Kreisel schnellen. Hat man sehr starke Schnüre von zwölf bis zwanzig Haaren zu verfertigen, so gerathen sie besser, wenn erst sechs oder acht Haare für sich, und diese kleinen Schnüre nachher wieder zusammengedreht werden. Dergleichen Schnüre heißen in der Fischersprache Fache. Diese Fache werden durch einen Fischerknoten untereinander verbunden, und solchergestalt entsteht eine Schnur von beliebiger Länge daraus. Den Fischerknoten macht man also: man legt zwey Enden, etwa drey Querfinger lang, über einander, so daß das eine Ende rechts, und das andere links hin liegt; alsdann schlägt man mit dem rechts liegenden Ende und mit dem Faden, dessen Ende links geht, einen Zirkel, indem man beyde zwi-

schen

schen die Finger der linken Hand leget, das lange herunter hängende Ende des Fadens sowohl, als das kurze Ende, welches rechts ging, zweymahl durch den Zirkel steckt, und den Knoten zuzieht. Die hervorragenden Spitzen des Knotens bewickelt man mit feiner gepichter Seide. An beyden Enden dieser so weit verfertigten Schnur, wird eine Schleife, vermittelst eines Fischerknotens, gemacht, um an dem einen Ende das Vorfach anzuhängen, und mit dem andern sie an die Ruthe zu schürzen. Zum bequemen Aufbewahren hat man kleine schmale Hölzer, oben und unten mit einem tiefen Einschnitte versehen, worauf man die Schnüre jede besonders wickelt. Ein solches Hölzchen wird Stech genannt.

Hat man ein Instrument, auf welchem die Schnüre gedrehet werden können, so muß man niemals alle vier Haken mit Haaren zugleich besetzen, sondern es allemahl bey drey Strängen lassen; denn der vierte Strang ist überflüssig und schädlich, die Schnur wird in der Mitte hohl, und folglich geschwächt. Will man eine vierdräthige Schnur haben, so werden auf einen Haken zwey Haare gebracht rc. Aus vielen solchen Fächern entsteht hernach, durch Hülfe der Fischerknoten, eine Schnur. Man macht auch Angelschnüre ohne Knoten; sie sind aber weniger biegsam, als die gewöhnlichen. Sie werden mit vier Knüppeln nach Art der Schnüre geflochten, und jedes Haar, ehe es auf den Knüppel gewickelt wird, zusammenmengeknüpfet. Wenn diese Schnur die gehörige Länge hat, so stechen die einzelnen Knoten alle heraus, die sich ohne Nachtheil abschneiden lassen, so daß man die Verbindung derselben nicht wohl bemerken kann. Mit dem gedachten Instrumente lassen sich auch Schnüre ohne Knoten machen, die außer dem bessern Ansehen auch stark genug sind. Man muß aber beym Anknüpfen der Haare sorgfältig verhüten, daß bey den verschiedenen Strängen die Knoten nicht nahe an einander kommen, weil sonst die Schnur an dieser Stelle unfehlbar bald bricht.

Ein gutes Vorfach ist höchst nöthig; und ein erfahrner Fischer geht nicht leicht, ohne einige von verschiedener Stärke bey sich zu haben, ans Wasser. Einige nehmen nur ein einziges Haar dazu, in der Meinung, der Fisch werde durch ein starkes, folglich sehr sichtbares, abgehalten anzubeissen Es wird aber hierbey ein sehr geübter Fischer erfordert, weil sonst ein jeder, auch nur leichter Fisch wieder ins Wasser zurückfällt, und Haken und Vorfach mitnimmt. Man thut daher besser, die feinsten Vorfächer aus zwey guten, ausgesuchten, braunen Haaren zu verfertigen. Ihre Länge ist willkührlich, doch darf sie nicht unter Einem Fuß seyn. Man nimmt zu größern Angeln und stärkern Schnüren vier, sechs, acht bis zehn Haare, nachdem man große oder kleine Fische zu fangen denket. Sie werden auf eben die Art bereitet, wie die andern Fächer,

cher, aber nicht an einander geknüpft, weil ein Vorfach keine Knoten haben muß. Wo man sie an die Schnur hängen will, schlägt man eine Schleife, welche beyde hernach beym Gebrauch sehr geschwinde angemacht und abgelöset werden können. An das andere Ende befestiget man den Haken also: man picht einen feinen oder gröbern seidenen Faden, nach Verhältniß des Hakens und des Vorfaches; hängt das letztere mit der Schleife an einen Haken, damit man es anziehen könne, und legt den Angelhaken an die Haare, so daß die Spitzen derselben über den Haken hinaus gehen. Sodann umwickelt man mit der Seide, dicht bey einander, das dickere Ende des Hakens bis auf die Hälfte hinunter, wo dessen Krümmung anfängt, und schlägt mit der Seide einen Knoten. Ueber die Umwickelung legt man die Enden der Haare, und wickelt die Seide noch einmahl fest über die vorige zurück, bis man den Haken ganz hinauf ist; man macht auch wohl noch einige Gänge über den Haken weg, auf das Vorfach selbst, um die Spitzen der zurückgeschlagenen Haare zu bedecken, und schlägt endlich einen Knoten mit der Seide. Auf diese Weise gebunden, bricht ein Angelhaken weit eher, als daß er nachgeben sollte.

Zu kleinen Fischereyen kann man statt der Pferdehaarschnüre, auch seidene gebrauchen. Und in der That hält die Seide besser, besonders wenn sie gefirnißt ist. Man nimmt dazu guten Mahlerfirniß. Die Fäden werden erst

fein

fein zusammengedreht, hernach ausgespannt, und mit dem Firnisse überstrichen. Sie bleiben so lange ausgespannt, bis sie völlig getrocknet sind.

Zu großen Fischereyen werden die Angelschnüre von gutem Hanfe, der mehr oder weniger fein gesponnen ist, so wie es die Dicke, welche die Leinen haben müssen, erfordert, verfertiget. Diese Fäden werden gemeiniglich gezwirnt oder fest zusammen gedreht, und selten ungezwirnt, oder leicht zusammen gedrehet. Die gezwirnten sind von zwey oder drey Fäden, oder von drey Bündeln von Fäden, welche bloß in einander gedrehet sind, so daß sie von der Stärke, wie die sogenannten Klafterschnüre, werden; und die ungezwirnten, von drey gezwirnten, die leicht zusammen gedrehet werden, gemacht. Es werden auch Schnüre von Messingdrath, zuweilen einfach, zuweilen doppelt, oder zusammengedrehet, in Gestalt einer doppelten Schnur, verfertiget. Zuweilen macht man auch von diesem Drathe eine Art von einer kleinen Kette.

Wenn man nun eine Schnur so weit fertig hat, ist es auch nöthig, das Vorfach mit etwas Bley zu beschweren, um den Angelhaken, mit der Lockspeise versehen, in die Tiefe des Wassers zu bringen, und sucht solches in der Mitte des Vorfaches anzumachen. Das bequemste hierzu ist ein bis auf die Hälfte gespaltenes Hagelkorn, wegen seiner Ründung. Auf die Stelle, wo man das Bley hinzusetzen ge-

gedenkt, wickelt man ein Blättchen Lösch- oder anderes feines naß gemachtes Papier, legt das gespaltene Bley darauf und bieget es wieder zusammen. Durch das Papier wird die Verletzung des Vorfaches von der Scharfe des Bleyes, und auch das Verschieben des Bleyes selbst verhindert. Daß man zu größern Angelhaken und stärkern Schnüren auch mehr Bley oder Hagelkörner nehmen müsse, versteht sich von selbst. Dergleichen im Voraus verfertigten Vorfächer werden zum künftigen Gebrauch auf ein Stech gewickelt, und der Angelhaken wird an die Schleife des vorhergehenden Faches gehängt. Das Ende des letztern befestigt man in einer in das Stech angebrachten Spalte, und zwar am besten mit einem durch die Schleife gezogenen Faden Seide.

c) Der Angelhaken. Dies ist das Hauptstück dieser Art von Fischerey. Die heut zu Tage gewöhnlichsten Angelhaken sind von Eisen oder Stahldrath gemacht, welcher mehr oder weniger dick ist, und an einem von seinen Enden einen kleinen Ring hat; oder es formiret dieses Ende, wenn es platt ist, eine Aushöhlung, welche, wie der Ring, dazu dienet, daß der Haken sich desto fester an die Leine oder Schnur binden läßt. Nur die kleinen Haken haben Ringe; an den andern ist das Ende, welches mit der Leine übereinpasset, platt. Indessen hat doch die Angel Fig. 1. einen Ring in a, welche zum Fangen der großen Hechte und Aale dient, und deren Schnur von zwey um einander gewickelten Meßingdrathen gemacht ist, weil die Fische mit ihren Zähnen die Schnur von Haaren oder Hanf abbeissen würden. An dem andern Ende b, ist der metallene Drath, der den Haken formiret, in eine feine Spitze geschärft; und in einer kleinen Entfernung von dieser Spitze ist ein scharfes Züngelein c, welches der Wiederhaken genannt wird, vom Drathe losgemacht. Ihre Spitze muß eine Richtung haben, die derjenigen, womit sich der Haken endigt, entgegen steht, damit, wenn diese (b,) in das Fleisch eingedrungen ist, die andere (c,) sie verhindert wieder herauszugehen. Der spitze Theil des metallenen Draths e, b, d, ist dergestalt gekrümmt, daß, wenn der Haken an einer Leine hängt, beyde Enden des Draths a und b, in die Höhe stehen, die Spitze c, des Wiederhakens hingegen herunterwärts gekehrt ist. Die Gestalt und die Oeffnung des Hakens verändern sich sehr, nach den Einfällen und dem Begriffe der Handwerker oder der Fischer. Einige wollen, daß die Haken weit; andere, daß sie nur wenig offen seyn sollen. Viele geben dem Buge, der den Haken macht, eine runde Gestalt; andere wollen, daß die ganze Krümmung unten sey, und daß das spitze Ende mit dem langen Arme parallel hinaufwärts gehe.

Zu gewissen Fischereyen müssen die Angeleisen zwey Haken haben, die zuweilen beynahe

auf

auf eine Seite gedrehet sind, dergleichen beym Thunfischfange gebraucht werden; und zuweilen auf die entgegenstehenden Seiten, welches geschehen kann, wenn man entweder zwey Angeleisen dergestalt mit einander verbindet, daß sie mit dem Rücken an einander stoßen, oder wenn man sich eines und desselben Stückes Eisendrath bedient, der an beyden Enden spitz gemacht, und mit einem Wiederhaken versehen ist. Diesen Drath bieget man in der Mitte so, daß er die verlangte Richtung hat; und auf solche Art bekommt man eine Angel mit doppelten Haken, wie Fig. 2.

Ueberhaupt werden die Angelhaken auf mannigfaltige Weise verfertiget, und man giebt ihnen nach den besondern Arten des Fanges der verschiedenen Gattungen von Fischen, auch eine eigene Gestalt.

Die englischen Angelhaken haben unstreitig vor den übrigen einen Vorzug; sie sind feiner und biegsamer. Bey diesen Angeln ist auch die neuere Erfindung von ihren gewundenen Stielen, von beträchtlichem Nutzen, denn man darf nicht fürchten, daß der Haken bey einiger Gewaltthätigkeit von dem Vorfache abgleite und dem fortschwimmenden Fische im Maule stecken bleibe. Ueberhaupt ist es allemal besser, sich kleinerer als zu großer Haken zu bedienen. Denn ein großer Fisch verschluckt den kleinern eher, als den großen; und jener fasset eben so gut, als dieser.

In Deutschland hat man gewisse Nummern für jede Art Angelhaken festgesetzt, unter welchen sie allgemein bekannt sind, Nummer Null ist die kleinste, und man nennet sie auch insgemein die Gründlingsangel; die übrigen folgen nach ihrer Größe bis auf No. 10, welche die Aalangeln sind. Bey den englischen ist es umgekehrt, und die achte Sorte ist die kleinste.

Die deutschen Angelhaken sind öfters etwas stumpf, und haben einen zu starken Widerhaken. Man kann beydes durch einige Feilenstriche, und nachher durch einen feinen Schleifstein verbessern. Sie unterscheiden sich übrigens von den englischen dadurch, daß sie gröber gearbeitet sind, und am Stiele eine kleine Platte haben.

Einen stumpf oder sonst unbrauchbar gewordenen Angelhaken muß man nicht gleich wegwerfen; denn er ist noch in folgendem Falle von einem besondern Nutzen. Es trift oft zu, daß man eine Gegend zum Fischen wählet, wo der Grund des Wassers unbekannt ist; hier nun hängt man einen solchen abgedankten Haken an die Schnur und versucht, ob der Grund sicher sey. Bleibt der Haken sitzen, so ist sein Verlust geringe, und man hütet sich vor der Stelle, und wählet eine andere.

Die Angelhaken sind dem Roste sehr ausgesetzt. Um diesen abzuhalten, pflegt man diejenigen, welche nicht vorgebunden sind, in in trockener Weitzenkleye an einem nicht feuchten Orte zu verwahren.

Diese aus den drey beschriebenen Stücken (der Ruthe, der Schnur, und dem Haken) verfertigte Angel ist nun zwar zum Fischfange geschickt; allein, da man am Ufer nicht sehen kann, ob ein Fisch den Angelhaken verschluckt habe, so dient dazu ein Stück Kork, oder ein mit gewichster Seide überzogener, und an beyden Enden verstopfter Federkiel, wodurch die Schnur gesteckt wird, welche auf der Oberfläche des Wassers fortfließen, und die geringste Berührung des Hakens im Grunde anzeigen. Einige nehmen hierzu bloß einen Flaschenstöpsel; andere geben diesem Korke eine kegelförmige, oder besser, eine kugelförmige Gestalt. Man bohret ein Loch dadurch, um die Schnur durchzuziehen. Da man den Kork nach der Tiefe des Wassers, wo man fischet, mehr oder weniger von dem Angelhaken entfernt an die Schnur befestigen muß, so steckt man in eben dieses Loch, wodurch die Schnur geht, ein spitziges Stückchen Holz, oder einen Federkiel, welcher leicht heraus genommen werden kann, und die Stelle eines Kiels vertritt, damit der Kork an der Stelle, wo man es haben will, fest bleibe, und sich nicht auf der Schnur verschiebe. Der Kork muß nur die Dicke haben, daß er sich auf dem Wasser halten könne; denn ein zu großes Stück würde den Fisch verscheuchen.

Noch gewöhnlicher aber bedient man sich statt des Korkes eines Federkiels. Die hierzu bestimmten Federn pflegt man auf mancherley Weise zu bereiten. Die beste ist wohl, sie in Oel zu kochen, oder sie inwendig mit Oelfirniß zu bestreichen. Die Oeffnung der Spule, wo sie oberwärts gegen das Gefieder abgeschnitten ist, verstopfet man entweder mit einem glatten Hölzchen, oder einem Stückchen Kork, welche beyde nothwendig entweder mit Oelfirniß oder Pech überzogen werden müssen, um das Eindringen des Wassers zu verhüten. Auswendig, unten in den Kork, oder in das Hölzchen wird ein wenig Messingdrath mit einem kleinen Oehre oder zusammen gebogenen Ringe befestiget, wodurch die Schnur gezogen werden kann. Man schneidet hierauf zwey Ringe von einer etwas größern Spule durch Zirkelschnitte, etwa von der Breite eines Federkiels, und steckt sie auf die Flosse. Oben auf, an der Spitze der Federspule, läßt man einen Tropfen heißes Siegellack fallen, um dadurch auch das Wasser abzuhalten.

Zu den Flossen sucht man oft große Adler- Reyher und andere Federn zu bekommen; es ist aber gewiß sehr gleichgültig, von welchem Thiere die Spulen genommen werden. Zu großen und starken Schnüren nimmt man lieber Schwan- und zu kleinern Gänsespulen. Die liegenden Flossen, deren sich einige deshalb bedienen, um sie in der Ferne erkennen zu können, taugen nicht, und sind nicht empfindpfindlich genug; daher bleibe man allemahl bey den stehenden Flossen.

Nunmehr wird die Schnur durch den Ring gesteckt, und die beyden Scheiben von der andern Feder besonders nachgeschoben. An der Stelle, wo die Flosse sitzen soll, schiebt man die beyden Federringe auf die Flosse, so ist dieselbe genau befestiget. Es versteht sich von selbst, daß das Ende der Flosse, woran der Drath befestigt war, gegen den Haken zugekehret seyn müsse. Das Bley, welches unten an dem Vorfach angebracht war, erhält alsdann einen Theil der Flosse etwas über dem Wasser stehend. Dies wird die Senkung der Angel genannt. Ist die Senkung zu hoch, so geht der Angelhaken nicht tief genug unter dem Wasser weg; ist sie hingegen zu tief, so bleibt der Kork mit dem Federkiele auf dem Wasser breit liegen, anstatt daß er gerade auf dem Wasser stehen muß; und dieses zeigt an, daß der Haken mit dem Köder auf dem Grunde aufliege, und die Angel mit dem Strohme nicht fortgehen könne, welches doch nöthig ist. Die Tiefe des Wassers muß vorher mit dem Angelstabe erforschet, und hiernach der Kork mit der Federspule an die Angelschnur befestiget werden.

Zu den Fischereyen, wo man den Angelhaken auf der Oberfläche des Wassers herumhüpfen läßt, braucht man weder Bley noch Kork. Beym Fange gewisser Fische, z. B. der Karpfen, muß der Angelhaken auf dem

Grunde schleifen; bey andern Fischen muß er in der Mitte des Wassers seyn; und überhaupt ist es gut, daß er bey warmer Witterung mehr nach der Oberfläche des Wassers zu sey, als in der Kälte. Hiernach wird die Entfernung, die zwischen dem Korke oder Federkiel, dem Bleye und dem Haken seyn soll, eingerichtet.

d) Die Lockspeise, der Köder genannt. Die Begierde diese zu verschlingen, bewegt die Fische an den Angelhaken anzubeissen. Alle Arten von Lockspeisen aber sind ihnen nicht gleichgültig; einige reizen sie mehr als andere; und für gewisse Fische gehören auch besondere Lockspeisen. Die allgemeinsten sind:

1) Der Erd- oder Regenwurm, oder in vielen Gegenden sogenannte Pieras. Bevor man diese Würmer zum Köder gebraucht, läßt man ihnen Zeit sich auszuleeren. Die Wiesen- oder Garten-Erdwürmer läßt man eine Nacht im Wasser liegen, thut sie alsdann in einen Beutel mit Heu, und bringt sie so an den Ort des Fischfangs. Die sogenannten Pfützmaden, die in der Lohe und unter Misthaufen stecken, darf man nur eine Stunde im Wasser lassen, und dann in den Heubeutel oder in Kleye thun, um Gebrauch davon zu machen. Zum Aufbewahren der Würmer ist das beste Mittel, wenn sie in einen irdenen Topf gethan werden, der mit Moose angefullt ist, welches im Sommer alle drey oder vier,

vier, und im Winter alle acht Tage erneuert wird. Wenigstens nimmt man zu der Zeit das Moos heraus, wäschet es, drückt das Wasser mit den Händen heraus, und legt es dann wieder in den Topf auf die Würmer. Wenn sie, und besonders die Pfützmaden anfangen krank und mager zu werden, kann man sie dadurch wieder herstellen, wenn man alle Tage ungefähr einen Löffel voll Milch oder Sahne tropfenweis auf das Moos, worunter sie stecken, gießt; schlägt man in die Sahne ein Ey, und läßt es mit selbiger sieden, so kann man die Würmer fett machen, und lange Zeit erhalten. Die Anschwellung des ungefähr in der Mitte des Wurms befindlichen Gelenks ist ein Zeichen seiner Krankheit.

Wer Regenwürmer sammeln will, sucht sie unter den Blumentöpfen im Garten, wo es feucht ist; oder man geht auf eine etwas feuchte Wiese, stößt einen Pfahl in die Erde, und drehet ihn so herum, daß man mit dem obern Ende, welches man in der Hand hält, einen Zirkel beschreibt; durch diesen Druck in der Erde nöthigt man die Würmer, herauszugehen; so auch, wenn man mit den Füßen stark auf die Erde auftritt, oder wenn man mit einem Stücke Holz darauf schlägt. Auch mit Salzwasser, oder einem Dekokt von Nußbaumblättern, das man besonders auf die Stellen gießt, wo kleine Löcher die Anzeige geben, daß die Würmer des Nachts gewöhnlich herauskommen, kann man sie sehr geschwinde herausbringen.

Mit dem Köder von Regenwürmern fängt man fast alle Arten von Fischen, die sich gewöhnlich in den Ströhmen aufhalten, sogar auch Raubfische, z. B. Hechte, Barse, Forellen, Quappen und Aale.

2) Die Seidenwürmer, welche beym Sortiren im Seidenbau weggeworfen werden, sind ebenfalls eine der vorzüglichsten Lockspeisen der Fische, ob sich gleich der Gebrauch davon nicht ins Große erstrecken dürfte. An den Orten, wo mit Regenwürmern fast kein Fisch mehr zu angeln war, sind mit dergleichen Seidenwürmern eine Menge Fische in kurzer Zeit gefangen worden. Auch die von den gehaspelten Kokons zurückbleibenden Puppen machen da Versammlungsplätze von Fischen, wo sie auf den Grund des Wassers behutsam versenkt werden, daß sie der Strohm nicht wegführen kann.

3) Der gelbe Mehlwurm, die Nymphe eines schwarzen Käfers, findet sich in den Mehlkasten und Mühlen, und ist zur Angelfischerey außerordentlich gut. Man steckt ihn auf den Angelhaken dergestalt, daß er Leben und Bewegung behält; und die Fische verschlingen ihn mit großer Begierde.

4) Die Fleischmaden, Fleischwürmer, lassen sich ebenfalls zu diesem Gebrauche anwenden. Um sie zu erhalten, nimmt man

man Leber von einem vierfüßigen Thiere, und hängt sie an einen queer über einen halb mit trockenem Thon angefüllten Topf, oder anderes Gefäß gelegten Stock. So wie die Würmer in der Leber wachsen, fallen sie auf die Erde; und es kommen auf diese Art lange Zeit hinter einander solche Würmer heraus. Um dergleichen Würmer das ganze Jahr hindurch zu haben, nimmt man eine todte Katze, oder einen Raubvogel, und läßt sie, den Fliegen bloß gesetzt, faulen. Wenn die Würmer darin recht lebendig und in großer Anzahl sind, gräbt man alles zusammen so weit in feuchte Erde, daß es so viel möglich vor dem Froste gesichert ist; alsdann können sie, so wie man sie nöthig hat, herausgenommen werden. Diese Würmer verwandeln sich im Märzmonath in Fliegen, und dann muß man zu andern dergleichen Thieren seine Zuflucht nehmen.

5) Kleine Käfer. Diese finden sich fast alle Jahre in Menge an dem Rocken, wenn er angesetzt hat; sie sind an Gestalt, nicht aber an Größe, den Maykäfern ähnlich. Sie werden, auf den Angel gesteckt, gern von den Fischen gefressen.

6) Spinnen. Wer sich vor denselben nicht scheuet, wird an ihnen einen guten Köder finden, besonders wenn er beym Aufstecken den Haken so leitet, daß das Thier noch etwas Leben behält.

7) Käse, ist auch eine sehr gewöhnliche Lockspeise, und man fängt damit Brassen, Alante und besonders Barben. Der schlechteste und zäheste ist der beste, nur muß er nicht zu sehr gesalzen seyn. Man steckt ihn würfelicht oder kugelförmig auf den Haken.

8) Grüne Gerste, giebt gleichfalls eine nicht üble Fischerey. Wenn im Sommer die Frucht so weit reif ist, daß sie sich zwar abschälen, aber auch leicht zerdrücken läßt, so nimmt man mit einem feinen Messer die äußere Hülse ab, und steckt ein oder zwey Körner auf den Haken. Es ist unglaublich, wie begierig oft Brassen, Alante und überhaupt alle Weißfischarten bey bequemer Witterung darnach greifen.

Ködert man nun mit vorbenannten Lockspeisen, so muß man dieselben durchstechen, bis sie an den Wiederhaken kommen. Zuweilen ist ein einziger Wurm oder Insekt, wenn er der Länge nach angesteckt wird, hinreichend; denn die Haken, welche man zu diesem Fange braucht, sind sehr fein. Sind die Insekten sehr klein, so steckt man mehrere zugleich und in die Queere an. Zur Nachtzeit, da die Lockspeise mehr in die Augen fallen muß, sticht man zwey Regenwürmer queer durch den Leib, da sie sich dann sehr bewegen, und bey der geringsten Helle von den Fischen gewahr genommen werden können. Bey großen Würmern, die sich in Kuh- und Schweinemist aufhalten, steckt man die Spitze des Hakens auf der Seite

des

des Schwanzes hinein, daß sie beym Kopf wieder herauskommt.

Die Raub- und die großen Seefische lassen sich am besten mit andern Fischen fangen, die wenigstens zwey Querfinger breit seyn müssen. Hat der Angelhaken zwei Haken, A, fig. 3. so sticht man den Kopf desselben durch das Maul des Fisches und unter einem Ohre wieder heraus, und bindet dann den Schwanz des Fisches an die Leine, wobey man darauf sieht, daß die beyden Haken, ganz nahe am Maule des Fisches stehen. Ein einfacher Haken B, fig. 3. wird eben so beködert, außer daß man kleinere Fische dazu nehmen kann. Dem Fische den Angelhaken der Länge nach durch den Leib zu stecken ist nicht gut, weil er dann nicht lange lebt und zum Köder nicht mehr taugt. Durch das vorige Anstecken erhält man, da der Fisch zwölf bis 15 Stunden lebt, einen großen Vortheil, besonders wenn mit liegenden Leinen gefischet wird; weil, wenn die Fische des Abends nicht angebissen haben, man hoffen kann, daß sie den folgenden Tag früh anbeißen werden.

Einige behaupten, daß die Fische viel besser anbeißen, wenn zu den Ködern ein kleines mit Steinöl geriebenes Stück Scharlachtuch hinzugefügt wird. Andere versichern, daß wenn die Würmer oder andere lebendige Lockspeisen vorher in einer mit Honig ausgeschmierten Büchse verwahret worden, die Fische desto gewisser anfassen. Man sagt auch, daß jede Art von Lockspeise, die mit dem Mark aus dem Hüftbein eines Viehes gerieben wird, die Fische sehr an-

anlocke. Da die Fischer nicht nur von diesem Marke, sondern auch von dem Reiheröle viel Wesens machen, so will ich die Zubereitung des letztern hier anzeigen. Man zerhackt nemlich, oder stößt in einem Mörser das Fleisch von einem männlichen Reiher, thut es in eine Flasche mit weitem Halse, die fest zugemacht und vierzehn Tage oder drei Wochen an einem warmen Orte stehen muß. Wenn das Fleisch verfault ist, wird es zu einer Substanz, die dem Oele nahe kommt. Alsdann vermischt man es mit einem kleinen Kuchen von Hanfsaamen, oder mit Brodkrume, Honig und ein wenig Biesam. Nach dieser Lockspeise sollen die meisten Fische, besonders die Karpfen, sehr lüstern seyn. Dies Oel wird auch besonders von Fischdieben gebraucht. Sie bestreichen sich damit Hände und Füße, gehen sodann ins Wasser und fangen die Fische, die ihnen ganz nahe kommen, mit den Händen.

Es giebt auch verschiedene Arten von Teigen, die zum Beködern des Angelhakens gebraucht werden und wovon die Engländer viel Rühmens machen. Sie sind zum Theil zu künstlich, bey uns auch nicht üblich, ihre Beschreibung ist also hier unnöthig.

Wer in spätem Herbst noch Lust zu angeln hat, findet an dem Schlamme, welcher sich um diese Jahreszeit an das alte Holz im Wasser setzt, einen guten Köder. Man nimmt davon etwas zwischen die Finger, wickelt es rund und hüllet den Angelhaken darein. Weil alle Weißfische

um

um diese Jahreszeit sich schon vom Schlamme nähren und sich an hohes Ufer begeben, so lassen sie sich oft damit fangen.

Endlich geben auch alle Arten von Fischrogen gute Lockspeisen zum Fischfange in süßem Wasser ab; doch giebt man dem Lachs- und Forellenrogen in dieser Absicht den Vorzug vor vielen andern. Ihre Bereitungsart bestehet darin, daß man sie auf einem warmen Dachziegel ein wenig hart werden läßt. Zum Gebrauch werden Stücken von gehöriger Größe davon abgeschnitten. Man hängt auch wohl frische Stükken von der Größe einer kleinen Nuß an die Angelhaken an. Dieser Köder kann acht Tage an einer Angel bleiben. Wenn man sich desselben länger bedienen will, hängt man ihn auf, daß er trocken werde, und weicht ihn ein wenig in Wasser, um ihn mürbe zu machen, wenn man ihn brauchen will. Um ihn lange Zeit zu erhalten, thun einige auf den Boden eines Topfs eine Schicht Wolle, legen den Rogen mit ein wenig Salz bestreut drauf und machen alsdann wieder eine Schicht Wolle und eine Schicht Rogen mit Salz, bis der Topf voll ist.

Außer der nunmehr ganz fertigen Angelruthe, etlichen Schnüren, Vorfächern und scharfem Messer, hat ein Fischer noch einige Geräthschaften nöthig, ehe er zum wirklichen Fange ausgehen kann. Er versieht sich nemlich mit einem leichten Netzbeutel, um seine gefangenen Fische dahinein zu setzen. Wenn daraus ein Kesser (Kescher, Kitscher,) mit einem biegsamen Ringe ge und Gliedern, um ihn bequem einzustecken, gemacht wird, so ist er zum Gebrauch theils bequemer, theils oft nothwendig, wenn man einen großen Fisch geangelt hat, um ihn damit geschwinde aus dem Wasser zu heben. Denn wenn er mit der Schnur aufs Land gezogen werden sollte, so würde er entweder wieder ins Wasser zurück fallen, oder aber die Schnur zerreißen. Ferner nimmt er mit sich ein Stückchen dünn geschlagenes und gerolltes Bley, einige Loth schwer, dessen Gebrauch folgender ist. Bevor er zu fischen anfängt, muß er wissen, wie tief das Wasser und wie der Grund beschaffen ist. Er befestigt daher die Rolle Bley unten an die Angelschnur, läßt so die Schnur langsam ins Wasser und rückt damit immer weiter den Strohm niederwärts, so weit man zu fischen denkt. Da das Bley an der Angel den Grund berührt, so giebt der Stand der Flosse an, ob man dieselbe höher oder niedriger stellen muß. Man rückt also die Flosse so lange, bis man die obere Spitze derselben höchstens einen Finger breit unter dem Wasser stehen hat. Denn bekanntlich halten sich die meisten Fische am Grunde auf; der Angelhaken muß daher einen Finger breit über demselben her gehen, um den Köder den Fischen gerade vor das Maul zu bringen. Bey dieser Untersuchung mit dem Bleylothe findet man auch, ob der Grund rein oder unrein, eben oder höckericht sey. Ist von beyden das letztere, so verläßt man die Stelle und wählt eine andere; denn der Angelhaken, welcher in die Bleyrolle einge-

wi-

wickelt ist, bleibt jetzt nicht in altem Holze, oder andern Hindernissen sitzen, so wie es gewiß geschiehet, wenn er frey ins Wasser gelassen wird, Ferner sieht der Fischer auch darauf, daß das Wasser zugänglich und die Ufer nicht zu steil sind. Am besten ist es, wenn die Erde und das Wasser gleich hoch sind, oder einen sanften Abhang haben, wie eine Pferdeschwemme.

Alles bisher gesagte ist aber noch nicht hinreichend, um einen erklecklichen Fischfang zu unternehmen. Es ist noch ein Mittel nöthig, durch welches man eine Menge Fische dahin zu locken sucht, wo man angeln will. Dieses ist die sogenannte Fischbeitze, Fischfütterung, Fischkirrung, oder der Grundköder. Die Fische schwimmen gemeiniglich, um ihrer Nahrung entgegen zu gehen, gegen den Strohm; sie eilen also beständig dahin, wo die Fütterung, welche mit dem Strohme niederwärts geht, herkommt. Um sie nun zu bewegen, daß sie die Oerter suchen, wo man fischen will, werfen einige ganze Hände voll zerrissener und zerhackter Regenwürmer hinein und fischt damit nach. Man nimmt auch Käse dazu, wenn man mit Käse angeln will. Eine der besten Fütterungen ist das zerdrückte und mit Honig vermischte Weißbrod; nur hat es den Fehler, daß die Fische leicht einen Eckel daran bekommen. Man verbessert es aber, indem man das Brod mit Kleyen vermischt und Kugeln daraus macht, die sich nach und nach im Wasser erweichen. Nur müssen alle Brodbereitungen frisch verbraucht, denn am folgenden Tage nimmt das Brod eine Säure an, vor welche alle Fische fliehen.

Folgende Lockung wird wegen ihrer Wirksamkeit für ein Kunststück gehalten. Man nimmt eine Quantität alten verfaulten, nicht salzigen Käse, reibt ihn klein und gießt von dem trüben, braunen Oele, welches sich als Hefen von dem Provencer-Baumöle auf dem Boden der Gefäße absondert, so viel hinzu, daß es ganz flüssig wird. Wenn von beyden die Hälfte, etwa ein halbes Pfund genommen wird, thut man zwey Gran Kampfer hinzu, rührt es stark unter einander und vermischt es mit so viel Weitzenkleyen, daß man daraus kleine Kugeln formiren kann. Von diesen wirft man eine oder zwey an den Ort hin, wo man am folgenden Tage zu fischen denkt, und versammelt damit eine unglaubliche Menge allerley Fische. Es wäre hier zu weitläuftig, alle die Zubereitungen von Grundködern, die für den Fischfang gemacht und gebraucht werden, zu beschreiben.

Wenn man eine Lockspeise an einen Ort gelegt hat, so untersucht man des Abends und des Morgens früh, ob sie verzehret worden ist. Ist aber die Lockspeise noch da, so dürfte wohl die Hoffnung vergeblich seyn.

Da die Flußfische nicht eher, als mit eintretender Wärme, weit umher schweifen und ihre Nahrung in der Ferne suchen, so ist es vergebens, eher auf den Fang auszugehen, als bis die Sonne das Wasser ein wenig erwärmet hat. Es tre-

treten zwar oft, schon am Ende des Februars, Tage ein, wo die Fische anbeißen; dies sind aber seltene Fälle, die keine Regel machen. Die sicherste Zeit dazu ist, wenn der Erlenbaum sichtbar grüne Knospen hat. Von da an und so lange, bis sich das stürmische Wetter im October einstellt, geht die Fischerey fast täglich an; doch ist ein Monat vor dem andern besser. So fallen z. B. der Julius und August sehr schlecht gegen den folgenden aus. Aber auch dieses hat seine Ausnahme. Wenn gelegene Winde wehen und es zuweilen regnet, so kann der Fang dennoch vortrefflich seyn. Von dem Zuge des Windes hängt ungemein viel ab. Bläset der Wind von Westen über Norden bis in Osten, und ist nur irgend kalt oder scharf, so wird man sich mehrentheils schlechte Hoffnung zu machen haben; es wäre denn, daß man sich einen wider diese Winde völlig bedeckten Ort wählen könnte. Zieht hingegen der Wind über eine der Gegenden von Osten über Süden bis Westen, so sind alle diese Winde vortheilhaft, wenn sie gleich etwas scharf blasen. Je sanfter sie aber wehen, desto wichtiger pflegt der Fang zu gerathen. Es kann demungeachtet oft, auch bey dem besten Winde fehlen, und daran ist nicht selten ein Gewitter schuld. Wenn dieses in der Nähe ist, so darf man sich keinen großen Fang versprechen.

Auch nicht alle Zeiten des Tages haben gleiches Glück. Die Fische scheinen ihre Zwischenzeiten zur Ruhe, sowol als andere Thiere, zu haben. Die vortheilhafteste, und wo die Fische am gefräßigsten zu seyn scheinen, ist der Morgen von sechs bis neun Uhr. Höher auf den Tag ermüden sie. Im Frühjahr und Herbst, Nachmittags von zwey bis vier Uhr, beißen sie sehr gut an. In der Mitte des Sommers aber, und wenn es außerordentlich warm ist, fällt diese Fischzeit weg; und von fünf Uhr, bis es ganz Nacht ist, kann man wieder angeln, besonders wenn der Tag heiß gewesen ist. Die Stunde von vier bis fünf Uhr Nachmittags halten fast alle geübte Fischer für unnütz zum Angeln. Nach einem Gewitter aber, oder wenn sich der Wind um diese Zeit vortheilhaft umsetzt, leidet diese Bemerkung eine Ausnahme.

Bey der Angelfischerey kommt es sehr viel auf den Ort und die Kenntniß des Grundes an, um die Angel nach den Gattungen von Fischen, die man zu fangen hoffen kann, einzurichten. Bey den Weißfischarten muß man einen sandigen, hellen Grund, nicht gar zu tiefes Wasser, und keinen zu starken Strohm, drey oder vier Schritte vom Ufer, wählen. Verlangt man aber Barben und große Brassen, so muß man die Angel schon weiter in den Strohm und an tiefern Stellen auswerfen, folglich auch längere Ruthen, stärkeres Zeug und größere Haken gebrauchen. Denkt man auf Karpfen, Karauschen, Schleihe, Aale und Barse, so sucht man nahe an einem sanften Strudel, an einer Stauung, oder wo

et-

etwas Gebüsch herüber raget, oder bey kleinem Schilf, anzukommen, wählt aber allemahl einen sechs bis neun Fuß tiefen Ort. Kann man mit dem Bleylothe eine Gegend finden, wo unterwärts des Randes, den man sich zum Fischen gewählt hat, eine Tiefe vorkommt, so ist dieses ein sehr gelegener Platz, weil der ausgeworfene Grundköder von dem Strohme in die Tiefe getrieben wird, wodurch die Fische, die sich allemal häufiger in dergleichen Gruben aufhalten, herausgelockt und zur Angel geführet werden. Man wählet gern, wenns thunlich ist, einen Stand, wo man die Sonne weder gerade vor, noch genug hinter sich hat, und macht am Ufer so wenige Bewegung, als es seyn kann, indem man entweder still dabey steht oder sitzt; denn die herbeygelockten Fische sehen und bemerken was am Ufer vorgeht. Ein heller Wiederschein, oder oft bewegter Schatten macht sie furchtsam, und es darf nur einer schüchtern fliehen, so folgen die andern alle.

Wenn nun Zeit, Wind und Ort gewählt sind, der Grund durch das Bleyloth erforschet, und die Flosse darnach gestellt ist, so wirft man die Lockspeise wie gesagt, oberwärts des Strohms, auf die Stelle, wo man zu fischen denkt, steckt den Köder an den Ang[illegible] haken, und wirft ihn mit einem Sc[illegible] der Ruthe in das Wasser, wo Waim ist, d[illegible] wo das Wasser eine Ründung macht. [illegible] die Flosse so weit getrieben, daß der [illegible]

Theil der Schnur sie anzieht, so hebt man sie heraus, und wirft sie von neuem. Stellen sich nach dem dritten Wurfe gar keine Fische ein. So ist auf der Stelle nicht viel zu hoffen. Wenn der Köder von einem Fische berührt wird, so sinkt die Flosse, die man nie aus den Augen lassen darf, etwas geschwinde unter, kommt aber gleich wieder in die Höhe; bald wird sie wieder niedergezogen, bleibt etwas länger unter dem Wasser, kommt wieder ein wenig hervor, und geht dann ganz unter. Wenn man dies gewahr wird, muß man nicht eilen, die Schnur zu ziehen, sondern dem Fische Zeit lassen, den Köder zu verschlingen. Zieht er die Flosse aber fort, so muß man den Fisch anhauen, oder eine Bewegung mit der Angelschnur in die Höhe machen, wodurch dem Fische der Haken ins Maul gerissen und befestigt wird, daß er nicht entkommen kann. Vor dem Anhauen giebt man Acht, wo der Fisch hin will; dann macht man die Bewegung mit der Ruthe rückwärts, damit man ihm den Köder nicht wieder aus dem Maule ziehe. Aus dem Widerstande des Fisches kann man auf seine Größe schliessen. Ist er klein, so zieht man ihn ohne Umstände ans Land, und bieget ihm den Haken aus dem Halse. Einen großen Fisch aber darf man, wenn man nicht sehr starkes Zeug hat, durchaus nicht auf einmal herausheben, sondern man läßt ihm noch einige Minuten seinen Willen, läßt aber die Schnur nicht schlaff werden; nach und nach

bringt

bringt man ihn näher an das Ufer, und wenn er nahe genug ist, bringt man ihn mit dem Kesser, oder mit dem Hohler ans Land. Letzterer ist ein Stab, an dessen Ende ein starker Drath gekrümmt befestiget wird; die Spitze wird scharf geschliffen, damit sie einschneide. Hiermit wird der Fisch aufgeritzt, daß er an den Haken hängen bleibt, und so leicht herausgezogen werden kann.

Wenn die Fische im guten Beißen sind, muß man jeden Augenblick nutzen und eilen, die Angel wieder auszuwerfen; denn es kommt öfters, daß kein Wurf vergeblich ist. Sobald diese Hitze der Fische nachzulassen scheint, futtert man von neuem. Findet sich nicht bald eine stärkere Anzahl ein, so verläßt man die Stelle, und geht weiter niederwärts des Strohms, wenn man in der Nähe bleiben will.

Will man am folgenden Tage auf der Stelle wieder fischen, muß man beym Weggehen von neuem füttern, um den Zug der Fische dahin zu gewöhnen. Wer dies allemahl thut, kann sich täglich nach Beschaffenheit der Jahreszeit, des Wetters und Windes, einen ergiebigen Fang versprechen. Daß man die Schnur nach dem Gebrauch erst trocken werden läßt, bevor man sie auf das Stech wickelt, versteht sich von selbst.

2) Die Fischerey mit der Laufangel. Diese Art nennt man deswegen Laufangel, weil man einen lebendigen Fisch an die Angel be-

befestiget, der im Wasser beständig herumschwimmt, und durch seine jetzige, ungewöhnliche Bewegung die Raubfische anlockt. Diese Fischerey ist angenehmer, als die mit der kleinen Angel, weil außer dem Vergnügen mehr Vortheil damit verknüpft ist; denn kleine Fische lassen sich damit nicht fangen, sondern nur Hechte und große Barse, bisweilen auch wohl große Quappen. Man nimmt eine gewöhnliche, aber starke Ruthe dazu, und eine Schnur von zwölf und mehr starken Haaren. Statt der Flesse zieht man einen durchbohrten Kork auf die Schnur, wo er nach oben zu mit einem Stücke von dem Obertheil einer Federspule, woran das Rauhe gelassen wird, befestiget werden kann, indem das Ende derselben in die Oeffnung gesteckt wird, wo die Schnur durch den Kork geht. Das Vorfach macht man hier nicht von Haaren, sondern von Drath, wozu der gelbe, Nummer Null, der beste ist, und glühet ihn. Alsdann legt man einen Theil davon dreyfach, ohne ihn zu zerschneiden, in der Länge von zwey Zoll zusammen, drehet den dreyfachen Drath an beyden Enden so in einander, daß oben und unten ein kleines Oehr offen bleibt. Eben so macht man noch ein Ende, drey Zoll lang; bevor man aber den Drath dreht, hängt man ihn durch ein Oehr des vorigen Endes, damit eines an dem andern fest, aber doch beweglich sey. Und so macht man auch ein drittes von vier bis fünf Zoll, so daß nunmehr die Kette un-

ungefähr zehn Zoll lang ist, und aus drey Gliedern besteht. Besser noch ist es, man macht die Kette von vier Gliedern, nur müssen die ersten Glieder an der Angel die kürzesten, und das entfernteste das längste seyn. An das kürzere Ende bindet man mit feinem ebenfalls geglüheten Drath zwey Angelhaken fest, daß die Spitzen beinahe, aber nicht völlig, gegen einander überstehen. Einen dritten etwas kleinern bindet man einige Linien höher, so daß diese drey Angeln, mit ihren Rücken an einander, ein Dreyeck bilden. Auf das zweyte oder auch dritte Glied des Vorfaches windet man etwas geschlagenes Bley, um den Angelhaken mit dem Fische so tief in das Wasser zu halten, als man die Korkflosse gestellet hat.

Ferner versieht man sich zu diesem Fischfange mit einigen, kleinen, lebendigen Weißfischen, am besten mit kleinen Gründlingen; denn nach diesen greifen die Raubfische am geschwindesten. Einen dergleichen kleinen Fisch befestiget man an den kleinsten Haken, oben vor den Rückenfloßfedern gegen den Kopf zu, daß er dadurch ungefähr im Gleichgewichte erhalten werde; man hüte sich aber, daß man nicht mit dem Haken den Rückgrat treffe, sondern nur das Fleisch fasse. Einen solchen Fisch wirft man nun in den Strohm, und läßt ihn treiben. Wenn sich in der Gegend Raubfische aufhalten, werden sie nicht säumen, auf ihn los zu gehen. Bey der kleinen Angelfischerey war stilles und helles Wetter nöthig; bey dieser aber ist eine etwas stürmische Witterung aus Westen oder Süden, und dabey ein gelinder Staubregen vortheilhaft. Bey jener mußte man stille stehen oder sitzen; bey dieser aber muß man auf dem Ufer auf- und abgehen können. Man muß also eine Gegend wählen, wo das Ufer frey ist, und der Strohm hinlängliche Tiefe hat, daß sich Raubfische darin halten können. Ist Schilf am Ufer, und nicht so weit hinein gewachsen, daß die Angel hinüber reicht, so hat man sicher Hoffnung zu bunten Barsen. Die Zeit des Tages ist beynahe gleichgültig, wenn trübes Wetter ist. Denn die Gefräßigkeit der Raubfische ist unersättlich. Nur möchte in den Ruhestunden der kleinen Fische nicht viel zu machen seyn.

Die Laufangel ist von der Zeit der kleinen Fischerey an, bis in den späten Herbst brauchbar. Man stellet sich oberwärts des Strohms, und befestiget den Kork an der Schnur nach Beschaffenheit der Tiefe, etwa zwey höchstens drey Fuß; denn die Raubfische gehen nicht beständig am Grunde des Wassers; sie heben sich, sobald sie Fische über sich sehen. Wenn man nun den mit dem kleinen Fisch beköderten Haken ausgeworfen hat, und an der schnellen Bewegung des Korks merkt, daß ein Raubfisch da, aber zu klein ist, den Köder zu verschlingen, so sucht man diesen durch langsames Aufziehen zu retten, um ihn nicht vergebens matt machen zu lassen. Sobald sich aber ein gro-

großer Fisch einfindet, so eilt er gleich mit seiner Beute davon. Die Korkflosse wird in den Grund gerissen. Man giebt alsdann so viel von der Schnur nach, daß sie schlaff bleibe, und geduldet sich etwa eine Minute, ob auch der Kork wegbleibe. Kommt er bald wieder zum Vorschein, so hat der Raubfisch entweder keine Lust zu dem Köder, oder er hat ihn unbeschädigt von der Angel abgefressen. Man zieht daher langsam auf; ist der Fisch von der Angel ab, so wird ein neuer aufgesteckt, und der Raubfisch ist gewiß gleich wieder da. Er thut wohl gar einen Sprung über das Wasser, als wolle er mehr fordern. Sobald er einen andern Fisch erblickt, so ist dieser in einem Augenblicke verschlungen.

Einige lassen ihm zum Verschlingen drey bis vier Minuten Zeit, und ziehen dann erst an, wenn der Fisch mit Gewalt fort will. Dies ist nicht zu rathen, denn der Haken ist für dieses Mahl unbrauchbar, und man bekommt ihn erst wieder, wenn der Fisch geschlachtet wird, indem derselbe in den Magen gesunken ist. Hierzu kommt, daß der Fisch sich leicht fest läuft; auch die andern Fische bey der großen Unruhe desselben die Gegend verlassen. Man muß daher kaum eine Minute warten, so bald man den Kork nicht mehr sieht, und eilen, den Fisch aus dem Wasser zu bringen, bevor sich die Haken tiefer, als in dem Gaumen, oder auch den Kiefern befestigen.

Wenn der Fisch, er sey Hecht oder Bars, am Lande, am Lande ist, sperret er den Rachen fürchterlich auf. Denn gemeiniglich ist ein Haken oben und der andere unten im Maule eingedrungen, und machen also eine Art von Knebel, den man mit einer kleinen Gabel, die man von einem dünnen Zweige macht, herausbringet.

3) Die Fischerey mit der Setzangel oder Nachtangel. Diese stellet man des Abends beym Schlusse der Angelfischerey, da man denn sehr oft des Morgens beym Aufziehen an einem jeden Haken einen Hecht, Bars oder Quappe findet. Es ist aus der Erfahrung bekannt, daß Raubfische im Dunkeln so wenig müßig sind, als am Tage, und die Gewinnsucht hat die Fischer das Mittel gelehrt denselben auch des Nachts nachzustellen. Die drei genannten Fische sind besonders die Arten, welche gemeiniglich mit der Setzangel gefangen werden. Dergleichen Angelhaken sind zwar in den meisten Kramläden zu haben; man kann sie aber mit leichter Mühe selbst verfertigen, indem man beyde Enden eines ungeglüheten Draths von der Dicke einer mittelmäßigen Rabenspule und nach der Größe des zu machenden Hakens, vier bis fünf Zoll lang feilet. Die Spitzen müssen lang gestreckt und sehr scharf gefeilt und um sie noch schärfer zu haben, gehörig angeschliffen seyn. In der Mitte wird dieser Drath dicht zusammen gebogen und dann jedes Ende wieder in der Rundung auswärts; so bekommt er die Gestalt eines doppelten Angelhakens. Der daran fehlende Widerhaken verhin-

hindert den Gebrauch nicht. Die in die Krümme gebogenen Spitzen druckt man vorwärts zusammen, so daß wenn noch ein dritter Haken hinzukäme, diese zusammen ein rechtes Dreyeck machten. Die Nothwendigkeit davon werde ich bald zeigen. Dieser Haken wird in eben ein solches Vorfach gehängt, als ich bey der Laufangel beschrieben habe, woran aber das Bley nicht gehöret. Man macht sich ferner eben so viel kleine hölzerne Rollen, als man Angeln stellen will, welche etwa sieben Klafter eines guten Bindfadens halten können. Durch diese Rolle wird ein Loch gebohret, in welchem ein Stock befestiget wird, welcher der Rolle einen leichten Umlauf giebt und auf beyden Enden soweit vorsteht, daß davon ein starker Bindfaden geknüpft werden kann, mit welchem man die Rolle über dem Wasser befestigt. In der Eile verfertigt man von einem dünnen gabelförmig gewachsenen Aste eine andere Art, die auch ihre Dienste thut. Die Gabel davon bleibt etwa eine Spanne lang und über diese wickelt man den Bindfaden schlangenförmig. An den obern Ast, wo beyde Gabeln zusammenstoßen, wird ein anderer Faden gebunden, womit nachher die ganze Maschine außerhalb des Wassers an ein Gebüsch, oder an einen in die Erde gestoßenen Stock befestiget wird.

Diese Fischerey geht besser in stehendem als fließendem Wasser; in letzterm aber doch auch da, wo der Strohm nicht stark fließt, und dabey tief genug ist. Vorzüglich sind die

Stellen gut dazu, wo Gebüsche über das Wasser hervorragen, und wo man nicht leicht vom Ufer ankommen kann. Steht die Setzangel zu frey, so läuft man Gefahr, daß sie genommen wird.

Die Zeit der Setzangel ist mit der andern Angelfischerey gleich. Hat man indessen zu Anfange des Februars nicht zu hohes Wasser, und kein Eis, so legt man sie auf Quappen, welche nebst den Hornungshechten, diesen ganzen Monat zum Leichen aufwärts steigen, und sich zuweilen des Nachts an dieser Angel fangen.

Der Fisch, zum Beködern dieser Angel, muß lebhaft, nicht zu groß, auch nicht zu klein seyn; die eine halbe Spanne haben, sind die besten. Die Gründlinge sind zwar die besten Leckerbissen für Raubfische; sie sind aber zu weichlich und sterben bald. Der Häseling ist wegen seines zähern Lebens zum Köder am dienlichsten. Einem solchen schneidet man dicht hinter den Ohren etwas mehr nach oben als nach unten zu, ein kleines Loch durch die Schuppen, und steckt das Ende des Vorfaches, woran der Haken nicht ist, unter den Schuppen des Fisches der Länge nach durch, bis man am Schwanze mit der Spitze wieder herauskommt. Man zieht das ganze Vorfach durch den Fisch, daß auch der Haken bis an die Biegung in die Wunde gezogen ist; und nun stehen beyde Haken an der Seite des Fisches, der eine ober-, der andere unterwärts. Mit

dem

dem Aufstecken muß man sehr eilen, um den Fisch so lange als möglich lebendig und lebhaft zu erhalten. Das durchgezogene Vorfach wird nun an die auf die Rolle oder Gabel gewickelte Schnur gebunden, und dem Fische wird nach der Tiefe des Wassers ein Ende des Bindfadens von vier bis sechs Fuß abgewickelt, damit er frey herumschwimmen könne. Weil er aber leicht den Faden zu lang abwinden könnte, und sich dann verwickeln würde, so schneidet man in den Rand der Rolle, oder in einen Arm der Gabel einen Spalt, und zieht den Bindfaden da hinein. Wenn dann ein großer Fisch diesen mit dem Angelhaken verschlungen hat, so löset sich der Spalt leicht, und die Rolle windet den Faden, nach dem Laufe des Fisches, willig ab. Am folgenden Morgen merkt man gleich an der abgelaufenen, ob etwas gefangen sey. Dann zieht man die Schnur langsam an, bis man an den Fisch kommt, der gemeinhin so müde sich gearbeitet hat, daß er jetzt wenig Widerstand thun kann.

Die nasse Schnur und Rolle trocknet man an der Luft, bevor man sie aufwickelt.

4) **Die Fischerey mit der Rollangel.** Diese Art des Fischfangs hat viele Vorzüge, weil sie sich auf Stellen anwenden läßt, wohin man sonst so wenig mit der Schuß- als Laufangel kommen kann, ob sie gleich auch aller Orten anzubringen ist. Ihren ganz besondern Nutzen aber hat sie in den Mühlenteichen, wo das über die Fluthbretter stürzende Wasser

große

große Tiefen und Wirbel macht, in welchen sich die besten Fische aufzuhalten pflegen, welchen aber schwer anzukommen ist. Einige nehmen dazu die gewöhnliche Schußangel; besser aber ist die vorhin beschriebene Setzangel. Der Fisch wird auf eben die Art befestiget, und statt der Rolle, worauf die Schnur gewickelt war, macht man ein Bündel Stroh oder Binsen, auf die Art, wie sie oben an das Fischernetz befestiget werden, um es über dem Wasser zu halten; etwa zwey Spannen lang und so dick, daß man es mit beyden Händen umspannen kann. Man bewickelt es mit Bindfaden in die Länge und Quere, theils um es dauerhafter zu machen, theils um zu hindern, daß die Schnur, welche darauf gewickelt wird, sich nicht verwirre. An einem Ende dieses Bündels, und in dessen Mitte steckt man ein Hölzchen, das nur einige Zoll hervorragen darf, und schneidet in dasselbe einen Spalt. Alsdann befestiget man das Ende einer starken und wenigstens acht Klafter langen Schnur mit etlichen festen Knoten an das Bündel, und wickelt dieselbe, Faden an Faden, sorgfältig auf dasselbe, bis vier oder fünf Fuß übrig bleiben. An dieses überbleibende Ende knüpfet man das dräthерne Vorfach mit dem Fische auf die Setzangel, und zieht die Schnur ganz nahe an dem Bündel in den Spalt des Hölzchens, damit sie auf dem Wasser nicht weiter ablaufe. Wer ein Schifferboot hat, schiffet damit nahe an den Wirbel, und legt seine Strohrollen,

etwas

etwas aus einander sanft auf das Wasser, daß sie von dem Wirbel fortgezogen werden, aber sich nicht so nahe kommen, daß sich die Fische verwickeln. Nun hält man mit dem Kahn still, und erwartet ein artiges Schauspiel. Sobald ein Raubfisch die beköderte Angel verschlungen hat, setzt sich das Strohbündel in Bewegung, und fängt an zu rollen, und rollet desto heftiger und geschwinder, je stärker der gefangene Fisch ist. Oft wird es ganz in die Tiefe gezogen, und kommt erst nach einer Minute, und in einer ganz andern Gegend, wieder zum Vorschein. Bald thut der Fisch mächtige Sprünge über die Oberfläche, und bemühet sich, los zu kommen. Man rudert alsdann nach dem Bündel Stroh, und wickelt die Schnur wieder über dasselbe, so folgt der Fisch nach, den man, wenn er nahe genug ist, mit dem Kesser herausziehen kann.

Will man in dieser Art auf Ströhmen fischen, wo freyes Ufer ist, so steckt man an dem andern Ende des Strohbündels einen andern Stock fest hinein, und befestiget daran eine Leine von beliebiger Länge, die der Fischer in der Hand hält, und die fertige Strohrolle mit Angel und Köder oberwärts des Strohms auf den Fluß legt, und sie fortschwimmen läßt. Wenn sich nun ein Fisch gefangen hat, zieht er mit der Leine die Strohrolle ans Ufer. Wenn er die Leine auf dem Ufer befestiget, so kann er die Rolle auch des Nachts im Wasser las-

lassen. Mit diesen Rollangeln fängt man aber nur Hechte und große Barse.

5) Die Fischerey mit der Schwimm- oder Schnappangel. Zu dieser Angel scheinen folgende Bemerkungen die erste Veranlassung gegeben zu haben. Man sieht nemlich den ganzen Sommer hindurch einige Arten Fische, z. B. Lachse, Forellen und Aeschen, auf die auf der Oberfläche des Wassers befindlichen Insekten Jagd machen, indem sie sich aus dem Wasser heben, und selbige mit einem lauten Tone wegschnappen. In unsern Ströhmen giebt es gewisse Gattungen, als: Alante und Brassen, die nur zu einer gewissen Jahrszeit diese Nahrung suchen; daher kommt das Sprüchwort: Der Fisch geht jezt auf den Schnapp. Diese Fischerey ist nicht sehr ergiebig, und mehr für Liebhaberey als Gewinn. Indessen läßt sich doch auch, besonders gegen Abend, in stehenden und sanft fließenden Wassern mancher große Fisch damit fangen.

Man nimmt eine Angelruthe und Schnur von mittelmäßiger Größe, und ein Vorfach von drey Haaren mit einem Haken zweyter Größe, nach teutscher Rechnung, nimmt das Bley von dem Vorfach, und schiebt über den Haken eine dünne Korkscheibe auf das Vorfach zwey Fingerbreit hinter dem Haken, und die Flosse etwa zwey Spannen von demselben. Dadurch schwebt nun der Haken auf dem Wasser. Man beködert ihn mit einem lebendigen Käfer, einer großen Fliege, Spinne, oder

auch

auch mit einem Mehlwurm; läßt ihn so auf dem Wasser treiben, und wird mit Vergnügen gewahr, wie häufig kleinere Fische daran zupfen; sie können aber den Köder nicht überwältigen. Kommt aber ein größerer, so ist der Haken augenblicklich versunken, und die Flosse folgt nach. Nun kann man gleich anhauen, und den Fisch mit der nöthigen Vorsicht ans Land bringen. Beym Forellen- und Aeschenfang muß man größere Haken mit stärkern Vorfächern vorhängen, und einen großen Käfer, dem man den Kopf und die harten Flügel abreißt, da wo der Kopf saß, an den Haken stecken. Je röther der Käfer, desto besser.

Bey Lachsen und Lachsforellen ist die Einrichtung etwas anders. Man nimmt einen Aalangelhaken mit einem dräthernen Vorfache, oder auch eine Setzangel mit dazu gehörigen Vorfache, und zieht von hinten einen mittelmäßigen, flachen Kork bis nahe an den Haken. Man nimmt ferner acht bis zehn Federn von dem Halse eines Haushahns von blauschwarzer Farbe, bestreicht sie mit Oel, und bindet sie um den Kork und Haken so, daß letzterer zwischen den Federn versteckt ist, und der ganze Strauß eines Fingers lang wird. Alsdann befestiget man das Vorfach an eine Schnur von einigen Klaftern, auf welche man hin und wieder vier oder fünf flache Korke zieht, um sie auf dem Wasser zu erhalten; und so legt man sie auf das Wasser, läßt sie forttreiben, und bindet das Ende am Ufer fest. Einen Köder braucht man hierbey nicht; denn die Lachse und Lachsforellen schießen nach allem, was auf dem Wasser schwimmt. Wenn nun einer den Büschel erhascht hat, und von beträchtlicher Größe ist, so macht er einen gewaltigen Lärm. Man ziehe aber ja nicht zu geschwinde an, sonst entwischt er. Wäre man vor dem Diebstahl sicher, so könnte man dergleichen Schwimmangel in Mühlenteichen die Nacht über liegen lassen, und sich einen guten Fang versprechen.

6) Die Fischerey mit der Grundangel. Diese gewährt einen guten Fang, besonders wenn man bey der Angelfischerey aus der schleunigen Entfernung der Fische, und aus den aufsteigenden Blasen auf dem Wasser merkt, daß sich Aale eingefunden haben, welches in der Fischersprache heißt: der Aal kocht. Wenn sich diese mit der Fütterung, die für sie nicht bestimmt war, erlustigen, und man wirft ihnen die Grundangel vor, so verschlucken sie dieselbe oft, und lassen sich leicht fangen. Die Bereitung dieser Angel ist folgende:

Man macht ein Vorfach von wenigstens zwölf starken Haaren, und über zwey Spannen lang, woran ein starker Aalangelhaken befestigt, und zwey oder drey Fingerbreit hinter demselben ein Stückchen Kork geschoben wird, damit der Haken nicht zu sehr in den etwa auf dem Grunde befindlichen Schlamm sinke. Ehe man die Schleife am andern Ende des Vorfaches knüpft, zieht man nahe bis an die

Schleife

Schleife eine gewöhnliche Büchsenkugel entweder durch ein gebohrtes Loch, oder man spaltet sie bis zur Hälfte, und legt das mit etwas nassem Papier umwickelte Vorfach in den Spalt, und bieget dann die Kugel wieder fest zusammen. Durch dieses Gewicht wird die Angel auf den Grund gebracht, und sie führt davon den Namen. An die Schleife bindet man eine Schnur, und wenn man will, nach der ungefähren Tiefe des Wassers, einen Kork mit einer Feder, wie bey der Setzangel. An den Haken wird ein starker, rother Erdwurm befestiget. Das andere Ende der Schnur nimmt man entweder in die Hand, oder bindet es in das Knopfloch. Wenn ein Fisch die Angel verschluckt hat, bemerkt man sogleich an dem Zupfen der Schnur, daß es Zeit sey aufzuziehen. Wer auf einem Schiffe, in Ströhmen oder stehendem Wasser angelt, kann mit der Grundangel zugleich anfangen; und es ist weiter keine Aufmerksamkeit nöthig, als das Anziehen bey Bemerkung des Zupfens. Außer Aalen fängt man auch zuweilen große Bärse, Alante, Karpfen, Karauschen, Schleihen und Quappen. Man läßt auch wohl die Grundangel zur Nachtfischerey liegen.

7) Die Fischerey mit schlafenden Schnüren. Dieses ist bloß ein Fischfang mit mehreren Angelruthen zugleich, wodurch er interessanter gemacht wird. Man nimmt drey, vier oder noch mehrere Ruthen dazu; sie müssen aber sehr nahe bey einander und dicht am Ufer

seyn, damit der Fischer sie alle beobachten könne, ohne von seiner Stelle zu gehen. Das dicke Ende einer jeden Ruthe steckt man in die Erde, nicht senkrecht, sondern so schief, daß zwischen der Oberfläche des Wassers, und dem dünnen Ende der Ruthe eine Entfernung von zwey bis drey Fuß bleibt. Dann hält man sich von dem Wasser so weit entfernt, daß man von den Fischen nicht bemerkt wird, aber doch die Fossen an allen Angelschnuren in den Augen behält, um sehen zu können, wenn ein Fisch gefangen ist.

8) Die Fischerey mit der bloßen Leine. Diese Art unterscheidet sich von dem Fischfange mit der Angelruthe darin, daß die bloße Leine nicht an eine Ruthe, sondern an feste Gegenstände angebunden wird. Die an den Ufern der Flüsse ausgelegten Leinen werden Bricolen genannt; sie endigen sich mit einem beköderten Angelhaken, und werden an einen Baumast, oder an einen Pfahl am Ufer gebunden, den man in der Gegend solcher Oerter, wo man glaubt, daß der Fisch hinkommen werde, in die Erde schlägt. Dabey muß man sie nicht zu nahe an bewachsene Oerter bringen, wo sich der gefangene Fisch mit der Schnur verwickeln könnte. Die Angelhaken werden so, wie beym Fischfange mit der Ruthe beködert.

Wenn man nun einen zum Ausstellen schicklichen Ort gefunden hat, so bindet man einen Kork oder ein Stück trocknes Holz, oder ein Bündel zusammen gebogenes Schilfrohr an die Leine, drey oder vier Fuß etwa von dem Angelhaken, nach der Tiefe des Wassers; die Leine schlinget man um den Daumen und kleinen Finger herum, und legt sie so zusammengeschlungen auf die flache, rechte Hand, und oben darauf den Kork, nebst dem beköderten Angelhaken; und indem man mit der linken Hand das andere Ende der Leine hält, wirft man mit der rechten den Haken mit der Leine aus allen Kräften auf das Wasser nach den Ort hin, den man für den besten hält. Alsdann bindet man das Ende in der linken Hand am Ufer fest. Man kann zwanzig bis dreißig Bricolen an einem Flusse oder Landsee der Länge nach hinstellen, nur müssen die Leinen eine verschiedene Länge haben, damit die Angeln nicht an einem und demselben Orte zusammen kommen.

Die bequemste Stunde dergleichen Bricolen auszulegen, wechselt nach den verschiedenen Jahreszeiten ab. Im Sommer geschieht es um drey oder vier, und im Winter um zwey oder drey Uhr Nachmittags; den andern Morgen um acht oder neun Uhr zieht man sie wieder heraus; denn einige Fische beissen sowohl des Morgens als des Abends an.

Diese Einrichtung der Bricolen findet nur in stillen Wassern oder in solchen, die nicht schnell laufen, statt. Bey auch nur ein wenig reissenden Flüssen muß man schon anders damit verfahren, weil sonst der Strohm die Angeln leicht gegen das Ufer treibt, wohin, be-

 son-

sonders bey seichtem Wasser, keine Fische kommen. Man bindet nemlich an die Leine, sieben bis acht Fuß vom Angelhaken, einen Stein, in der Größe eines Puteneyes, welcher, indem er zu Boden sinkt, die Leine vom Ufer entfernt hält; und der Kork, welcher sich erhebt, hält alsdann den Haken zwischen dem Wasser. Da es aber bey schnellen Wassern schwer fällt, wenn man die Leine auswirft, den Köder, den Kork und den Stein an den rechten Ort zu bringen, so wäre es sehr vortheilhaft, wenn man zur Ausstellung der Bricolen sich eines Kahns bedienen könnte. Wenn an den Ufern tiefes Wasser ist, so können die Bricolen in der Gegend, wo es Höhlungen im Ufer giebt, oder wo sich Wassergewächse befinden, gar wohl ausgestellet werden, weil die Fische solche Oerter suchen. In diesem Falle hält man die Leinen nicht sehr lang; damit aber die Fische, wenn sie sich gestochen fühlen, sich von den Wassergewächsen entfernen können, so bedient man sich solcher Gabeln, wie bey der Nacht- oder Setzangel gezeigt worden, verfährt auch eben so damit, da dann der Fisch, indem er die Gabel abwickelt, sich von den Höhlungen und den Wassergewächsen entfernt.

Bey der Ausstellung der schlafenden Angeln und Leinen giebt es vielerley Methoden. Diejenigen, welche in süßen Wassern fischen, binden zuweilen um einen Reif herum eine Anzahl Angelleinen mit beköderten Haken, und hän-

hängen an die Leinen unweit den Haken Stückchen Bley, damit sie untersinken, und an den Reif selbst binden sie Korke, die ihn auf dem Wasser halten. An den Reif machen sie drey Schnüre, die sich aufwärts vereinigen, so wie die Schnüre, welche eine Wagschale halten. Wo die Schnüre zusammengehen, ist ebenfalls ein Kork. Endlich wird der Reif durch eine besondere Schnur an eine am Ufer befindliche Stange gebunden, damit er an dem Orte bleibe, wo bekanntlich der Fisch sich gern aufhält. Des Abends legt der Fischer seinen Reif aus, und sieht den folgenden Tag bald nach Sonnen-Aufgang wieder darnach, und wenn er einen gefangenen Fisch merkt, zieht er den Reif mit der Schnur an der Stange ans Ufer, hebt ihn mit einem Schiffhaken an den drey oberwärts zusammengefügten Schnüren in die Höhe und bringt ihn mit der gehörigen Vorsicht, wie beym Fischfange mit der Ruthe, völlig aufs Land. Alsdann macht er den oder die gefangenen Fische los, erneuert die fehlenden Köder und hebt den Reif wieder aufs Wasser, um seinen Fang fortzusetzen.

Die sitzenden Leinen werden an einen schweren Körper, der auf den Grund des Wassers gesenkt wird, gebunden. Es dient dazu ein kegelförmiges Bley, an dessen Spitze durch ein Loch oder Ring eine Leine befestiget wird, die am andern Ende einen Kork oder Bündel Schilfrohr hat, um sie auf dem Wasser finden zu können, wenn man damit das

Bley wieder herausziehen will. Um dieses Bley herum werden haarene oder häutene Leinen von verschiedener Länge und an jede derselben ein beköderter Haken, imgleichen ein Stückchen Kork, damit die Angelhaken nicht in den Schlamm fallen, angemacht. Zwey Stunden vor Sonnen-Untergang wird dieses Bley ins Wasser gesenkt, und den andern Morgen zwey Stunden nach Sonnen-Aufgang wieder herausgezogen.

Auf dem Meere werden Fischereyen im Großen vorgenommen, welche den jetzt beschriebenen sehr ähnlich sind. Da die Beschreibung derselben hier aber zu weitläuftig ist, so verweise ich die wißbegierigen Leser auf das bekannte Werk: Schauplatz der Künste und Handwerke.

II. **Die Fischerey mit Netzen.** Die Netze oder Garne zum Fischen, die man auch Fischgarne, Fischnetze, Fischergarne, Fischernetze nennt, werden gewöhnlich von hanfenem starken Zwirne verfertiget. Der rheinländische Hanf wird von unsern Fischern, die ihre Netze selbst stricken, allen andern vorgezogen. Die dazu nöthigen Seile machen sie nicht selbst, sondern kaufen sie von den Seilern nach dem Gewichte. Die im Stricken mit der Stricknadel gemachten Schlingen heißen Maschen. Diese sind entweder viereckicht oder spiegelicht (rautenförmig oder länglich geschobene Vierecke). Die Netze, die den schaarenweise ziehenden Fischen vorgezogen werden, sind einfache Wän-

de,

de, die aber sehr von einander unterschieden sind. Einige haben sehr kleine Maschen und halten den Fisch bloß zurück; bey andern, die besonders bestimmt sind, eine Gattung von Fischen zu fangen, müssen die Maschen nach der gewöhnlichen Größe dieser Gattung von Fischen so eingerichtet seyn, daß der Kopf, welcher dünner ist als der Körper, in die Maschen geht, der Körper aber nicht durchkommen kann. Der Fisch also, der seinen Kopf in eine Masche gesteckt hat, kann nicht wieder los kommen, weil er mit seinen Wangen in die Fäden des Netzes hangen bleibt.

Es giebt auch dreymaschige Garne, die aus drey auf einander gelegten Netzen gemacht werden, und folglich drey Maschen auf einander zu liegen kommen. Man braucht sie z. B. auf dem Rhein beym Lachsfange, und nennt sie Salmgarne. Die Außenwände (die beyden Garne, die das dritte einschließen) heißen dort Ledermaschen; das dritte inwendige heißt die Wand oder das Tuch. Diese Garne werden auch zu verschiedenem andern Fischfange gebraucht. Ihr Vortheil besteht darin, daß man Fische von sehr verschiedener Größe damit fängt, und daß sie aufgehalten werden, sie mögen in das Netz kommen auf welcher Seite sie wollen.

Eine dritte Art Netze bilden einen kegelförmigen Sack, und werden daher Säcke oder Garnsäcke genannt.

Wenn

Wenn ein Netz fertig ist, wird es mit großen und starken Maschen eingefaßt, welches man, ein Netz säumen, nennt. Durch diesen Saum wird das Netz verstärkt, damit es nicht zerreisse, wenn es gezogen wird.

In verschiedenen Fällen müssen die Netze vertikal auf dem Wasser gehalten werden. Dazu wird erfordert, daß man den Rand, welcher sich an der Oberfläche des Wassers halten soll, mit Körpern versehe, die specifisch leichter sind, als das Wasser; diese nennt man Flossen. Wenn die Netze sehr schwer sind, so nimmt man dazu gewisse Fässer, die fest zugemacht sind, damit kein Wasser hineindringen könne. Einige Fischer machen auch ihre Flossen von trocknen Rohrbündeln; dergleichen aber braucht man öfter zu Zeichen, die oben aufschwimmen. Andere machen sie von kleinen, leichten und trocknen Brettern, von Fichten-, Espen-, Linden- und anderm Holze. Der Kork ist zu kostbar dazu, die Schaale von alten Pappeln, die nichts kostet, vertritt dessen Stelle vollkommen. Der untere Theil des Netzes dagegen wird mit schweren Körpern belastet, sonst würden die Flossen das ganze Netz auf die Oberfläche des Wassers ziehen, und es würde bey der geringsten Bewegung des Wassers nicht in seiner vertikalen Lage bleiben. Diese Belastung oder das Gesenke macht man zuweilen von Kieselsteinen; weil sie sich aber schwer befestigen lassen, so nimmt man dazu entweder eiserne Ringe, oder Lasten von Bley,

wel-

welches letztere man die Plombirung, die Bleyschnur, oder den Bleyreif nennet.

Die Plombirung aber wird nach der Größe des Netzes und nach dem Gebrauche, den man davon machen will, eingerichtet. Zuweilen muß der untere Theil desselben auf dem Grunde des Wassers stehen, und so beschwert seyn, daß die großen Fische es nicht aufheben, und darunter weggehen können. Bisweilen aber ist es gut, daß sich das Netz zwischen dem Wasser halte; alsdann wird wenig Last, und bloß so viel erfordert, daß es gespannt bleibe.

Die vornehmsten Netze, deren man sich zu den verschiedenen Gattungen von Fischereyen bedient, sind kürzlich folgende:

1) **Das Wurfgarn**, die **Wurfhaube** ist ein Netz in Gestalt eines Trichters. Es hat unten eine sehr weite Oeffnung A, B, Fig. 4, die bey großen Wurfgarnen eilf bis zwölf Klafter im Umfange beträgt; und indem dasselbe an Weite nach und nach abnimmt, so endigt es sich am obern Theile mit einer Spitze C, woran ein Seil angebunden wird, das man nach dem Orte, wo man fischen will, mehr oder weniger lang hält. Vom untern weiten Umfange H, bis zur Spitze C, ist es ungefähr vier bis fünf Klafter hoch. Es wird von gutem dreydräthigen Zwirne gemacht, und unten herum mit einem fingerdicken Seil eingefaßt, das mit bleyernen Ringen, deren jeder zwey Loth wiegen kann, versehen wird. Sie werden zuweilen von durchlöcherten Kugeln gemacht, die

man an das Seil anreihet, und mit Knoten, die allemahl zwischen zwey Kugeln geknüpft werden, befestiget. Am häufigsten bestehen die Ringe aus kleinen Bleyplatten, die an das Seil mit kleinen Hammerschlägen angemacht werden. Die ganze Bleylast wiegt ungefähr vierzig bis funfzig Pfund. Der Rand des Netzes geht zwölf bis achtzehn Zoll über das Bleyseil heraus, und ist inwendig in den Trichter hineingeschlagen, und da derselbe von einer Entfernung zur andern durch Leinen D, gehalten wird, so macht er rings herum in die Oeffnung des Garns Beutel, worin sich die Fische fangen.

Man hat auch kleinere Wurfgarne, an deren Mündung keine Säcke sind, und wo sich das ganze Netz mit dem Bleyseil endigt, und die Spitze des Netzes nicht an ein Seil, sondern an einen Ring von Kupfer oder Horn, etwa drey Viertelzoll in der Dicke, befestiget wird.

a) Die Fischerey mit dem Wurfgarne im Ziehen. Zu diesem Fischfange werden an das Bleyreif zwey Seilen angebunden, woran das Netz von zwey Männern, die auf beyden Seiten des Strohms sich befinden, gezogen wird. Ein dritter folgt den Fischern, und hält das Seil, welches an die Spitze des Netzes befestiget ist. Ob er es gleich nur schlaff hält, so wird er doch gewahr, ob sich Fische gefangen haben; er erkennt dies auch aus den Erschütterungen, die sie dem Netze und durch selbiges

dem

dem Seile geben. Wenn hinten der dritte Mann fehlt, so bindet einer von den beyden Fischern das Seil des Hintertheils an einen seiner Arme, und läßt es so lang, daß es der Spitze des Netzes keinen Zwang anthun kann. Wenn man nun an den Erschütterungen dieses Seiles gewahr wird, daß sich Fische gefangen haben, so muß man das Netz aus dem Wasser herausziehen. Alsdann lassen beyde Fischer ihre Seile fahren, damit der ganze Umfang des Netzes auf den Grund gehe. Hierauf zieht man das Seil des Hintertheiles an sich, aber nicht gerade zu, sondern hin und her, damit die Bleye, die auf den Grund fallen, zusammenkommen, und die Oeffnung des Netzes zumachen. Sobald man beym fernern Anziehen des Seils hin und her merkt, daß alle Bleye beysammen und von dem Grunde abgegangen sind, zieht man aus allen Kräften, um das Netz geschwinde ans Land zu bringen. Hiernächst ergreift man den Bleyreif, folgt selbigem rings herum um das Netz, und leeret die Beutel aus, die gemeinhin mit Schlamm, Grase, Muscheln und Fischen angefüllt sind. Dann wird das Netz wieder ins Wasser geworfen, und auf vorbeschriebene Art gezogen. Auf kleinen Flüssen und in den engen Buchten, wo ein Strohm ist, läßt sich dieser Fischfang mit Vortheil treiben. Ist der Strohm reissend, so zieht man das Netz gegen den Strohm, sonst mit demselben. Bisweilen stellt man auch um die durch das Wurfgarn-scheu gemachten Fische aufzuhalten, von einer Entfernung zur andern ein dreymaschiges Garn quer über den Fluß aus, worein sie sich verwickeln.

b) **Die Fischerey mit der Wurfhaube durch das Werfen.** Der eigentliche Gebrauch dieses Netzes ist, wenn es so ausgeworfen wird, daß es die Fische, die man auf einem Haufen beysammen vermuthet, bedecke. Der Auswurf muß daher an einem Orte geschehen, wo der Grund gleich, und kein starkes Schilf, große Steine oder Holz ist; sonst entsteht ein doppelter Nachtheil, das Netz zu zerreissen, und viele Fische zu verlieren, die, wenn das Bleyreif nicht allenthalben auf dem Grunde liegt, entwischen. Die Fischer, indem er das am obern spitzen Theil des Netzes befindliche Seil an das Gelenk der linken Hand bindet, weiß dasselbe so geschickt auf das Wasser zu werfen, daß sich im Fallen der Bleyreif ausdehnt und ein Rad formirt, und indem er sofort auf den Grund sinkt, umschließt er die daselbst befindlichen Fische. Das Herausziehen des Netzes geschieht, wie vorhin gezeigt worden.

2) **Der Senker, die Senke, oder das Senkgarn.** Das Netz zu diesem Werkzeuge ist einfach, viereckig und hält, sechs bis acht Fuß im Quadrat. Es ist mit einem Seil eingefaßt, das nicht dick ist, aber doch stark und gut gearbeitet seyn muß. Die mittlern Maschen sind enger, als die am Rande, um Weißfische und andere kleine Fische, welche zur Beköderung der Haken dienen, zu fangen. Bey etwas größern

Fischen

Fischen müssen die Maschen weiter gemacht werden. Denn je weiter diese sind, und je feiner das Netz ist, desto geschwinder kann man es aus dem Wasser ziehen, welches bey diesem Fischfange wesentlich nöthig ist. In der Mitte und hin und wieder oben herum befestiget man an die Maschen kleine, schmale Streifen von rothem Tuche, wodurch die Fische angelockt werden. An jeder Ecke wird von dem Einfassungsseil ein Oehr gemacht, um das Ende der krummen Stangen hineinzustecken, wozu zwey leichte und biegsame fichtene oder besser, weidene Stangen genommen werden, die länger als die Diagonallinie des Netzes sind. Sie werden getrocknet, gebrannt, und als ein Theil eines Zirkels gebogen, übers Kreuz gelegt, und die Enden in die Oehre des Netzes gesteckt. Da wo sie sich kreuzen, werden sie mit einem Seile zusammen gebunden, welches auch dient den Senker an das Ende einer andern Stange zu befestigen, die von einem leichten Holze gemacht, und mehr oder weniger lang ist, wie es die Lage des Orts, wo man fischen will, erfordert.

An solchen Orten nun, wo sich gewöhnlich Fische sammeln, läßt man den Senker ins Wasser, so daß er sich auf dem Grunde ausbreitet, und wenn man gewahr wird, daß Fische über dem Netze schwimmen, hebt man es geschwinde auf. Denn sobald sie die Bewegung der Bügel merken, wollen sie auf den Grund fahren, stürzen sich aber in das Netz;

kaum aber verläßt das Netz den Grund, so springen sie, wollen entwischen, und entwischen auch wirklich, wenn der Senker nicht geschwinde genug aufgehoben wird. Denn je mehr Zeit man braucht das Netz aus dem Wasser zu heben, desto leichter kann der Fisch entwischen. Eben deswegen bedienen sich auch die Fischer verschiedener Methoden, die Stange des Senkers zu halten. Die beste Methode, wobey man die mehrste Kraft anwenden kann, ist, wenn man das dicke Ende der Stange zwischen beyde Schenkel leget, es auf einen Hinterbacken stämmt, und die Stange so mit beyden Händen hält. Wenn man nun über dem Netze Fische sieht, so fährt man mit den Händen, um es geschwind aufzuheben, zwey Fuß weiter hin, und indem man während, daß man mit den Händen hebt, die Schenkel bieget, zieht man den Senker schnell aus dem Wasser. Uebrigens ist dieser Fischfang bey trübem Wasser vortheilhafter, als wenn es hell ist.

Zu den kleinen Fischereyen, die mit einem Netze, das sich einigermaßen sacket, und an einen hölzernen oder eisernen Reif gefaßt ist, vorgenommen werden, gehören:

3) Der Hamen, (Bärn, Fischbärn, auch Fischbeere). Darunter versteht man überhaupt ein beutelförmiges Netz, dessen Oeffnung an einen hölzernen oder eisernen Reif, woran ein Stiel steckt, gebunden ist. Die großen Hamen bestehen aus einem hölzernen Reife, durch welchen eine Stange in Ge-

stalt

stalt eines Stieles geht. Bey den kleinern ist der Reif von Eisen, und an dessen Umfang eine Dille, worein ein hölzerner Stiel gesteckt wird. Gewöhnlich sind sie rund; es giebt aber auch viereckige Hamen, die bey Fischhältern und Fischkasten bequem sind. Die kleinen sogenannten Heuschreckenhamen werden auf dem Meere gebraucht. Anstatt daß ihr Netz an einen runden Reif gefaßt ist, befindet es sich an einem Stücke Holz, welches wie an einem Rackete zum Ballschlagen gedrehet ist.

Ueberhaupt dient der Hamen zu kleinen Fischereyen in den Fischhältern und Fischzäunen, und wenn eine große Menge in die Flüsse herauf kommt. Hieher gehört auch der oben bey der Angelfischerey gedachte Kesser.

4) Das Sieb. Dies ist ein wahrer Hamen, welcher von einem Haartuche, das man an einen hölzernen Reif aufzieht, gemacht wird. Bey der Mündung des Flusses Orne, und an andern Orten werden sehr kleine Fische, die drey bis vier Zoll lang, und wie eine Schreibfeder dick sind, und welche die Fluth alle Jahre gegen den Vollmond im März, und bis zu seinem Abnehmen in Menge in diesen Fluß führt, damit gefangen.

5) Der Kessel. Ein Hamen ohne Stiel, welcher an Seilen aufgehängt ist, und wenig Tiefe hat. Nachdem man inwendig einige Köder hinein gethan hat, versenkt man ihn auf den Grund des Wassers, und hebt ihn von Zeit zu Zeit wieder auf. Er dient, Schal-

 thiere,

thiere, besonders Garnelen im Meere, und Krebse in süßen Wassern zu fangen.

6) Die Bouraque. Dies Instrument kann als eine Art von Reuse angesehen werden, und ist von dem Kessel darin unterschieden, daß es von Weidenruthen gemacht wird, und gewissen dräthernen Mäusefallen ähnlich sieht. Es hat einen Boden von Flechtwerk, und oben drüber eine Oeffnung wie einen Hals, der von Weiden gemacht ist, und einen Trichter formiret, dessen Hals inwendig in die Bouraque geht. Die Weiden, welche diesen Hals machen, sind am Ende spitzig. Die Fische können also leicht hinein gehen, aber schwerlich wieder herauskommen. An den Boden, oder an die Seiten werden Steine gebunden, damit sie untersinke, und inwendig Köder, z. B. kleine Krabben, oder Stücke Fleisch und Fisch, auch wohl ein etwas länglichter, weißer Stein hineingethan.

Dieser Fischfang ist nach Stürmen und bey warmer Luft vortheilhafter, als bey kühler und heiterer Witterung Gewöhnlich werden nur Schalthiere, als: Hummern, Seeheuschrecken, Seespinnen, Krabben, Meer- und andere Aale, gefangen.

Zu den etwas größern Netzen gehören die Hamen, die vor sich hingeschoben werden, und entweder eine Gabel haben oder nicht; jene werden Setzhamen, diese aber Schauber genannt.

7) Der

7) Der Setzhamen wird an das Ufer des Wassers angesetzt, da man denn mit einer Stange, woran unten einige Stücke Leder befestiget sind, und welche man eine Trampe nennt, die Fische aus den Höhlen des Ufers heraus, und in den Setzhamen jaget.

8) Der Schauber. Dessen Gestelle wird von einer sieben bis acht Fuß langen Stange verfertiget; am Ende derselben ist ein Querholz fest angemacht, welches mit der Stange gleichsam ein T formiret. An beyden Enden ist es scharf geschnitten, um damit desto besser in den Sand einzudringen. Ferner sind an diese beyden Enden zwey dünne und biegsame Ruthen befestiget, die auf den andern Enden zusammengebogen, und so an die Stange gebunden werden. An das Querholz sowohl als an die Ruthen werden die Ränder des Netzes, das einen Sack bildet, angebunden. Am Boden dieses Netzes haben die Maschen aufs höchste vier bis fünf Linien im Quadrat; die Maschen oberwärts an den Rändern aber sind größer. Die Tiefe des Sackes ist verschieden, oft vier bis fünf Fuß; die Stange aber muß desto länger seyn, je tiefer der Sack ist, damit der Fischer nicht darauf trete, wenn er fischet. Die tiefen Säcke halten zwar die Fische besser zurück; sie drehen sich aber auch leicht im Wasser, und dann sind sie um nichts besser als die kurzen, und es ist schwer die Fische herauszuziehen. Sehr oft stoßen die Fischer dies Werkzeug vor sich hin, indem das Quer-

holz auf dem Grunde liegt, beynahe wie die Gärtner das Scharreisen vor sich hinstoßen. Zuweilen wird auch der Schauber an ein Fahrzeug fest gemacht, womit der Fischer an den steilen Ufern der Flüsse hinfährt. Er bedient sich alsdann desselben auf die Art, daß er die Grasplätze aufwühlet, und den Schauber an die Löcher hält, in welche er mit einer Stange stößt, damit die Fische heraus- und in den Schauber gehen.

9) Die große Streichwathe. Der Fischfang mit derselben ist dem mit dem Schauber ähnlich. Der Hauptunterschied besteht darin, daß man mit den Schaubern in dem Wasser so geschwinde als möglich herumfährt, dahingegen die meisten Streichwathen stille liegen. Die Fischer lassen sich an einem Orte nieder, wo Strohm ist, dem sie ihr Netz entgegen halten. Das Netz ist an zwey Stangen Fig. 5, a b, a b, gezogen, welche zwölf bis funfzehn Fuß lang sind, und sich ungefähr auf den dritten Theil ihrer Länge bey d, kreuzen; hier sind sie durch ein Niet von Eisen zusammengefügt, das ihnen die ähnliche Bewegung einer Scheere verstattet. Ein wenig über diesem Niete ist an beyden Stangen eine Kerbe e, e, worin ein Querholz c, passet, um selbige in einer beträchtlichen Weite aus einander zu halten, so daß die beyden Enden der Stangen funfzehn Fuß von einander entfernt sind. Der Untertheil dieses Netzes macht einen Sack, f, der mehr auf der Seite des Querholzes c, als gegen das Ende

Ende der Stangen b, b, hängt. Der Rand des Netzes, welcher auf der Seite des Sacks ist, wird an das Querholz c, gebunden; die beyden Seiten aber an die Theile e, b, der Stangen und das übrige an ein Seil fest gemacht, welches das Netz einfasset, und von b zu b, geht. Gemeiniglich hängt man an dieses Seil ein wenig Bley, höchstens aber nur sechs bis acht Loth auf die Klafter.

Diese Streichwathe nun hält der Fischer dem Strohm entgegen, indem er die beyden Enden der Stangen und das Seil, das dazwischen ist, auf den Grund legt; die beyden andern Enden a, a, der Stangen gehen unter des Fischers Achseln durch, und der Winkel d, den sie machen, liegt an seinem Leibe. Er hält die beyden Stangen fest, ungefähr da, wo das Querholz ist, bey e, e. Der Fischer verspürt den kleinsten Fisch, der in das Netz eingeht, hebt sodann die Wathe gleich auf, und der Fisch fällt in den Sack f, welchen er herauszieht, und in einen bedeckten Korb thut, den er auf dem Rücken angebunden trägt. Dann taucht er seine Streichwathe wieder ein, und setzt den Fischfang so lange fort, bis ihn die zu hohe Fluth zum Rückwege nöthiget; da er dann die beyden Stangen zusammen bringt, sie geschwind mit dem Netz umwickelt, und so den Bündel auf die Schulter wirft, und sich fortmacht. Uebrigens treibt man diesen Fischfang bald mit der Fluth, bald mit der Ebbe.

Wenn die Fischer die ganze Breite eines Strohms einnehmen wollen, stellen sich so viele als nöthig in eine Linie, und so nahe an einander, daß die Netze sich berühren, indem sie allezeit die Oeffnung gegen den Strohm halten, so daß sie bey der Rückkehr der Ebbe dasjenige fangen, was ihnen bey der steigenden Fluth entwischt war.

10) Der einfache Garnsack ist ein Netz in Gestalt einer Glocke, Fig. 6, etwas kegelförmig, ein oder zwey Klafter lang, dessen Eingang a, a, drey bis vier Fuß im Durchschnitt hält. Der Körper dieses Netzes wird von a bis e nach und nach ein wenig enger, und zuletzt nimmt er von e bis d eine kegelförmige Gestalt. An der Spitze dieses Kegels wird ein Oehr gemacht, welches den Garnsack an dem Orte, wo man ihn aufstellt, zu befestigen dient. Der Körper a, a, e, e, wird von vier bis sechs leichten Reifen von Schwarz- oder Weißdornstäben gehalten. Der Eingangsbügel, a, a, woran der vordere weite Theil der Einkehle (der Saum) angebunden ist, ist größer als die übrigen, die bis auf den letzten e, e, immer kleiner werden.

Bey unsern Garnsäcken werden gemeiniglich zwey Einkehlen gemacht, welche vortheilhafter sind, als eine einzige. Sie haben weitere Oeffnungen, wodurch auch ein großer Fisch bequem durchgehen kann, besonders da sie etwas schlaff sind, wodurch der Eingang erleichtert, der Rückweg aber erschwert wird.

Die

Die erste Einkehle ist weiter, als die andere, sie ist auch näher nach vorne; es kann daher der Fisch, wenn er die erste hindurch ist, nicht umkehren, dagegen er bey einer einzigen, wo der Eingang so weit hinten ist, wenn er das Zeug fühlt, auch wenn schon mehrere Fische im Sack sind, leicht wieder umkehren, und herausgehen kann.

In Deutschland werden alle Garnsäcke mit Flügeln gemacht, die nach Verhältniß der Größe des Garnsackes hoch und lang sind. An jedem Ende ist ein Holz befestiget, welches die Fischer den Breiken nennen. Dieser wird in den Grund gestoßen, damit der Sack und die Flügel auf dem Grunde fest liegen. Die Spitze des Sackes hat eine Schnur, an welche auch dergleichen Breiken befestigt ist, der ebenfalls in den Grund gestoßen wird; und diese drey Breiken machen die Ausspannung des Garnsackes. Wenn die Säcke gehoben werden, so wird der Anfang mit Aufhebung der Flügel gemacht, und zuletzt der Breiken an der Spitze des Sackes herausgezogen.

11) Die Fischreusen, sind Gattungen von Körben, die von Binsen, Weiden, und andern biegsamen Holze gemacht werden, und weil sie durchsichtig sind, das Wasser leicht durchlassen, deren Ruthen aber enge genug zusammengeflochten sind, daß sie die Fische zurückhalten. Daher stellt man sie mehr oder weniger näher zusammen. Die Fischer machen sich dieselben entweder selbst, oder kaufen sie

von den Korbmachern. Sie bekommen verschiedene Gestalten, haben aber fast alle eine oder mehrere Einkehlen, die den Fischen zwar den Eingang, aber nicht den Ausgang verstatten. Die Einkehlen werden von Rohr, oder sehr feinen und elastischen Weiden gemacht, die nicht sehr ästig und daher biegsam genug sind, daß sie den Eingang der Fische in die Reuse nicht hindern. Da sie, sobald der Fisch hineingekommen ist, wegen ihrer Elasticität zusammengehen, und die Enden spitz geschnitten sind, so kann er nicht wieder heraus. Am Ende der Reuse, dem Eingange gegenüber, macht man eine Oeffnung, um die Fische herausholen zu können, die dann mit einer kleinen Klappe zugemacht wird. Bey den in Deutschland gebräuchlichen Reusen ist die Oeffnung, wo die Fische oder Krebse herausgenommen werden, auf der Seite, und die Einkehle in der Mitte der Reuse. In Flüssen werden die Reusen entweder an vorgeschlagene Fache geleget, und an Pfähle befestiget, oder man senket sie in Seen, Teiche, Dümpfel 2c. an solchen Orten, wo man mit Netzen oder Garnsäcken nicht füglich hin kann. Daher führen jene den Namen Fachreusen; diese hingegen heißen Senkreusen.

12) Die Schleppsäcke. Diese haben verschiedene Arten der Zurüstung, und bekommen daher verschiedene Benennungen. Die Schleppsäcke, welche in hiesigen Gegenden geführet werden, sind wie die Setzhamen gestrickt;

strickt; rur ist der Sack viel länger, und läuft spitzig zu. Ein solcher Schleppsack, der zehn Ellen breit stellt, wird erst mit acht Maschen zu stricken angefangen; drey und zwanzig Maschen beträgt die Länge, ehe er in die Runde gestrickt wird, und dreyzehn bis vierzehn Schock Maschen zu anderthalb Zoll in der Oeffnung macht die ganze Breite. Die Länge ist bis zu neun Ellen. An der Mündung ist er mit einem Haarseil, welches der Reifen heißt, eingefaßt, welches oben mit ein und zwanzig Flossen, und unten mit sechzehn eisernen (besser, bleyernen) Knoten oder Ringen besetzt ist. An den Strippen zu beyden Seiten der Mündung des Sackes ist ein sogenanntes Stiefelholz, oder vielmehr Steifholz, welches die Mündung offen hält, drey Viertel-Ellen lang angemacht; daran werden zwey Steine gehängt, deren jeder acht Pfund schwer ist. Das spitz zugehende Ende des Sackes heißt der Zahl, an welchen ein Stein von sechs Pfund angemacht wird, welcher der Zahlstein heißt, und das Ende des Sackes auf dem Grunde hält. Ist der Fluß nicht breit, so wird eine Leine dies- und die andere jenseits desselben gezogen. Wenn der Fluß aber breit ist, so werden die Leinen an beyde Enden eines Kahnes fest gebunden, und der Kahn wird in der Quere geschoben.

An=

Anhang.

Da diejenigen Arten von Fischereyen, die weder mit der Angel noch mit dem Netze geschehen, theils nur auf den großen Weltmeeren Statt haben, theils und besonders auf Flüssen und in Seen unerlaubt, auch in verschiedenen Fischerey-Ordnungen wirklich verbothen sind; so finde ich deren Beschreibung hier unnöthig, und habe sie deshalb unterlassen. Zu diesen Fischereyen rechne ich diejenigen Arten, die mit Egen, Gabeln, Harken, Harpunen, Pfeilen, Spießen und Wurfspießen vorgenommen werden; so wie auch das Fischschießen und die Nachtfischerey dahin gehöret.

Einer Art von Fischerey will ich noch gedenken, die zu Fuße geschiehet, und das Fußtreten genennet wird. Die Fischer, welche die Oerter, wo die Fische, die sich in den Sand eingraben, hinkommen, kennen, gehen mit bloßen Füßen an das Ufer des Meeres, oder in die Flüsse. Wenn sie nun unter ihren Füßen Fische verspüren, die sich in den Sand gegraben haben, so durchstechen sie dieselben mit einem an das Ende eines Rohrs befestigten eisernen Spieße. Man fängt auf diese Art Platteissen und Muscheln.

Unsere Fischer haben eine ähnliche Art zu fischen im Gebrauche. Auf den Furten nemlich,

lich, wo sich viel Hechtkraut findet, unter welchem kleine Fische, Schmerlen, Gründlinge und dergleichen verborgen liegen, suchen sie die Fische hervor zu treiben, indem sie ein beynahe zwey Ellen langes und schmales Brettchen in dessen Mitte mit einem Leder unter einem Fuße fest machen. Alsdann trampen sie mit diesem Brette das Hechtkraut, darin die Fische stecken, aus, und setzen eine Art von einem Bügelhamen mit einer kleinen Gabel, welcher so breit als das Brett lang ist, und ein Schwein genannt wird, vor, da dann die Fische, indem sie aus dem Kraute hervorkommen, in diesen Hamen fallen, und gefangen werden. Einige Fischer nehmen kein Werkzeug dazu, um die Fische, die sie unter ihren Füßen fühlen, zu fangen, sondern ergreifen sie mit den Händen. Andere gehen auch an die Ufer der Flüsse und Seen, stecken die Arme in die Löcher, und ziehen die Fische und Schalthiere, die sich da verkrochen haben, heraus.

Die Nachtfischerey, oder das Fischen in nächtlichen Stunden ist billig in allen Fischerey-Ordnungen verboten, weil sie gemeiniglich nur von eigennützigen Leuten vorgenommen wird, wodurch auch das beste Fischwasser in kurzer Zeit völlig ausgeödet werden kann. Dergleichen Fischdiebe fahren gemeiniglich bey der Nacht an den Flüssen auf Kahnen, oder gehen bey den Bächen am Gestade mit Strohfackeln und angezündeten Spänen, wo sie dann

dann sowohl die dem Scheine des Lichts zueilenden Fische mit Stecken, stumpfen Degen rc. auf die Köpfe schlagen und wegfangen, als auch die Krebse, die ebenfalls aus ihren Löchern dem Lichte zueilen, herauslangen. Wenn aber eine Herrschaft selbst sich mit Nachtfischerey eine Lust machen will, so kann solches am besten mit einer Laterne auf folgende Weise bewerkstelliget werden. Die Laterne muß von Kupfer oder Bley, drey bis vier Fuß weit seyn, und in der Mitte spitz zugehen, damit sie desto besser in die Tiefe gesenket werden könne; von außen aber muß sie überall mit eisernen Ringen beschlagen seyn, um sie, wenn sie hinabgesunken ist, unter dem Wasser fortziehen zu können. Oben von der Laterne geht eine Röhre in die Höhe, welche funfzehn bis zwanzig Fuß lang und Einen Fuß weit seyn muß. Hiernächst muß die Laterne in ihrer Weite verschiedene Fenster, und zwar fünf oder sechs, und einige gläserne Spiegel darin haben; alle Fugen aber müssen mit Pech wohl verschmieret seyn, damit kein Wasser hineindringen könne. Diese Laterne läßt man, mit Anhängung eines Gewichts, an dem verlangten Orte in das Wasser, daß die Röhre nur etwa ein Paar Fuß lang aus dem Wasser herausreiche. Durch diese Röhre läßt man mit einem Bindfaden eine brennende Lampe in die Laterne hinab, welche wie eine Schiffslampe also zugerichtet seyn muß, daß das Licht allezeit gerade stehe, man möge sie bewegen, wie man will. Auf diese Art

scheint

scheint nun das Licht durch die Fenster im Wasser; und weil die Strahlen durch die Spiegel wieder zurückprallen, giebt es unter dem Wasser ein starkes Licht, welches sehr weit zu sehen ist, auf welchen Schein eine große Menge Fische herbeyschwimmt, die alsdann mit Netzen gefangen werden können.

Dritter Abschnitt.

Der Essigbrauer.

Der Ursprung des Essigs steigt sehr hoch ins Alterthum herauf, und es giebt kein ökonomisches Buch, so alt es auch sey, das dessen nicht Erwähnung thäte. Unstreitig hat man die ersten Gedanken, Essig zu bereiten, der Nachlässigkeit einiger Weinfabrikanten zu verdanken. Der saure Geschmack, den der Wein etwa angenommen hatte, machte ihn untrinkbar, und so versuchte es einer, sich desselben zu Brühen, und zur Erhöhung des Geschmacks der Speisen zu bedienen. Zu welcher Zeit aber die Bereitung des Essigs eine regelmäßige Kunst geworden, weiß man eben so wenig, als man die Zeit nicht weiß, wann zuerst Wein auf eine bekannte und allgemein bestimmte Art bereitet worden ist. Eben so ungewiß als gleichgültig ist es auch, wann die Essigbrauer zuerst eine besondere Zunft ausgemacht haben. In Frankreich war die Zunft der Essigbrauer im vierzehnten Jahrhundert unter der Regierung

rung Karls des Sechsten errichtet; ihre ersten Statuten erhielten sie von dem Oberrichter von Paris unterm 18 October 1394. In Berlin und andern Städten von Bedeutung giebt es auch besondere Essigbrauer, die ihren Essig nicht, wie es in kleinen Städten geschiehet, aus saurem Bier machen, sondern wirklich aus Malz brauen. Als etwas besonderes muß ich bemerken, wie diese Künstler vor allen andern in dem Rufe stehen, daß sie ihre Kunstgriffe geheim halten, so wie es auch bey Beschreibung der Bierbrauerey und Brantweinbrennerey in der zwölften Sammlung dieses Werks (S. 113) aus Mangel an genaueren Nachrichten nicht möglich war, etwas über die Essigbrauerey zu liefern, und selbst das wenige, was darüber gesagt worden, ist unrichtig, wie sich aus dem folgenden zeigen wird. Denn nunmehr ist der Schleier abgezogen, der eben nicht so undurchdringlich war, als man wähnte. Das berühmte Geheimniß beruhet bloß auf die Vielfachheit der Mittel, wodurch man alle weinichte Flüssigkeiten in Essig verwandeln kann.

Inhalt.

Diejenige saure Flüssigkeit, die vermittelst einer besondern Gährungsart einzig und allein aus dem Gewächsreich erlangt wird, nennt man Essig. Nach dem Unterschiede der Gewächse ist auch der daraus erlangte Essig in

Ansehung seiner Eigenschaften verschieden. Man bereitet ihn gemeiniglich entweder aus Wein und Obst, oder aus verschiedenen Getreidearten. Der Weinessig und der Obstessig sind sowohl nach ihrer Bereitungsart, als auch in Ansehung ihrer eigenthümlichen Beschaffenheit einander fast gleich. Der Getreideessig hingegen ist, nicht nur seiner Bereitungsart nach, sondern auch in Ansehung seiner Eigenschaften, von jenen Essigarten sehr verschieden. Man kann also füglich annehmen, daß es im Grunde nur zwey verschiedene Arten des Essigs gebe.

I. Vom Weinessig überhaupt.

Durch die innere Bewegung, welche die Bestandtheile der Fruchtkörper zu trennen sucht, um sie dann wieder zu verbinden, entsteht die sogenannte weinichte Gährung, wenn nach ihrer Vollendung die daraus entstandene Flüssigkeit Wein werden, und beständig bleiben kann; und aus diesem Weine wird jene angenehme, saure Flüssigkeit verfertiget, die man Weinessig nennet.

1) Die Gährung, woraus Essig entstehet. Um eine solche Art von Gährung zu erregen, wodurch die zweyte Veränderung in den Fruchtsäften bewirkt werden soll, muß irgend ein Zufall, er sey nun unwillkühlich, oder mit Fleiß veranstaltet, eine neue innere Bewegung erzeugen, wozu eine wohlbehal-

tene

tene, weinichte Flüssigkeit an sich selbst nicht fähig ist. Man hat Wein durch verschiedene Zufälle zu Essig werden gesehen, welche die Kunst zu ihrem Vortheile anwendete. Da diese Ereignisse zugleich die Bedingungen sind, unter welchen Wein zu Essig werden kann, die Kunst aber darin bestehe, sie zu nutzen, so will ich sie anführen, und faßlich zu machen suchen.

a) Ein freierer Zutritt der äußern Luft; freier nemlich, als bey der weinichten Gährung, auch eine zu große Leere in dem die Flüssigkeit enthaltenden Gefäße, die eine Luftschicht auf derselben ruhen läßt, verändern jederzeit die Natur derselben, und bringen einen sauren Geschmack darin zuwege; jedoch der bloße freiere Zutritt der Luft zu fertigen weinichten Flüssigkeiten bewirkt nicht einmahl Essigwerdung, sondern Vapescenz, Schalheit und Uebergang zur Fäulniß. Die Luft ist nützlich, sie muß aber mit Behutsamkeit zugelassen werden. Was die Essiggährung anlangt, so darf die Luft nicht zu freien Zutritt haben: denn da die Luft die flüchtigen Theile in ihren Zwischenräumen mit sich fortführet, so kann man leicht denken, daß ein ungehinderter Zutritt dieses Elements nachtheilig ist. In dieser Absicht könnte man folgende Regel festsetzen, daß man zu der sauren Gährung der Luft einen freiern Zutritt verstatte, als in der weinichten. Zu diesem Behufe ist es genug, daß man entweder die Oeffnung des

Fasses, wenn sie nicht zu groß ist, halb oder ganz offen lasse, doch mit der Vorsicht, dieselbe mit einem Tuche oder Papiere zu bedecken, um zu verhindern, daß in den Wein nichts falle; oder wenn man die Fässer halb leer und wohl verstopft läßt. Dieses allein ist hinreichend, da die Luft, im leeren Raume der Tonne eingeschlossen, eben die Wirkung leistet, als ein wenig fremde Luft, welche zu den vollen Gefäßen kommen kann. Der beste Essig ist folglich immer derjenige, welcher während seiner Bereitung am wenigsten der Einwirkung der freien Luft ausgesetzt war. Es läßt sich sogar Essig in völlig verschlossenen Gefäßen machen, wie die Erfahrung lehret.

b) **Die Wärme des Orts**, wo der Wein sich befindet. Diese bloß, ohne Zutritt der Luft ist fähig, Wein in Essig zu verwandeln. Schon die Wärme des Mistes that Genüge bey Bereitung des Essigs in hermetisch verschlossenen Gefäßen. Man wiederholte die Versuche mit gutem Erfolg, und erhielte auf diese Weise einen sehr guten Essig; doch würde man in geschwinderer Zeit dahin gelangt seyn, wenn die Essigwerdung durch ein anderes Mittel, als durch die Wärme unterstützt worden wäre. Denn bloße Wärme verflüchtiget die geistigen Theile der Weine, das so natürliche Gegenmittel der Fäulniß in dieser Art Flüssigkeiten, und das kräftigste Ingredienz eines werdenden Essigs. Wird in der Essigstube die Wärme nicht bis zu dem Grade verstärkt,

daß

daß eine innere Bewegung in der Flüssigkeit entsteht, (gewöhnlich 90 bis 100 Grade Fahr.), so wird kein leidlicher Essig daraus. Aber mit welchem Verluste des geistigen, und folglich am Ende des sauren Prinzipiums diese erhöhete Wärme verknüpft sey, lehret die Erfahrung. Auch wird der fertige Essig nie vor sich ganz helle, und ist der Fäulniß leicht unterworfen, und zwar wegen der Menge des animalischen Glutens, der nie in nahrhaften Substanzen fehlt, und der sich bey einer solchen Wärme darin auflöset, und aufgelöset erhalten wird, statt daß er durch eine langsame Gährung von geringer Wärme sich als eine zähe Haut aus den weinichten Flüssigkeiten absondert, ehe sie zu vollkommnem Essige werden. Daher kann man die gewöhnliche Art, Essig in großer Hitze zu verfertigen, nicht genug widerrathen. Es ist durchaus nothwendig, bey der Gährung einen mäßigen Grad der Wärme zu unterhalten. Die Erfahrung lehret, daß man bey einer Wärme von 50° ja bey 40° Fahrenh. den schönsten Essig aus altem Wein, der vorzüglich schwer zu Essig wird, verfertigen könne, nur daß bey letzterm Grade die Bereitung um etliche Wochen verzögert wird. Die Wärme der tiefsten Keller (52°) ist die schicklichste und zuträglichste, wie man in der Folge sehen wird.

c) Mechanische Mittel, durch die man auf irgend eine Weise die Bewegung der Theile vermehrt, wie wir in der Folge bey einem

Essigprozesse sehen werden; da der Wein sich durch bloßes Schütteln, oder durch eine äußere Ursache, welche die Theile in Bewegung setzt, in Essig verwandeln kann. Boerhaave und andere befestigten eine gläserne Flasche an die Flügel einer Windmühle, und fanden den Wein nach einiger Zeit in Essig verwandelt.

d) Die innere Bewegung vermehrende Mittel, z. B. Dinge, deren Theile schon in Bewegung sind, mit einem Worte, dieselben Ursachen, welche die weinichte Gährung beschleunigen, bringen die Essiggährung hervor, wenn sie mit vermehrter Gewalt darauf wirken. Und alles, was im Stande ist, in dem Wein eine innere Bewegung hervorzubringen, ist auch geschickt ihn in Essig zu verwandeln. Uebrigens geht die saure Gährung mehr oder weniger geschwind von statten, je nachdem stark oder schwach wirkende Ursachen vorhanden sind, und nach Verhältniß der Kraft, mit welcher sie wirken.

2) Die Phänomenen in der Essiggährung. Bey der Gährung entstehet allemahl ein mehr oder weniger häufiger Bodensatz einer schleimichten Materie, welche der Ueberschuß von der schleimicht harzigen Substanz zu seyn scheinet, die mit den salzhaften Substanzen vergesellschaftet war, als sich die Flüssigkeit noch im weinichten Zustande befand. Von diesem schleimicht harzigen Wesen entbunden, wird der salzhafte Bestandtheil entweder in größerer Menge aufgelößt, oder mehr entwickelt, woraus

aus dann der saure Geschmack des Essigs entstehet. Doch muß man nicht glauben, daß die salzhaften Substanzen völlig frei davon sind, aber der Ueberrest davon ist selbst verfeinerter, und schadet deshalb dem sauren Geschmacke nicht.

Dieser schleimichte Bodensatz kann bey der Essigwerdung nicht entstehen, ohne daß zu gleicher Zeit ein Theil des Wesens, welches die Weine färbt, mit zu Boden falle; daher siehet man, daß die Essige vom Weine, besonders vom rothen, eine viel mattere Farbe haben, als der Wein besaß, der ihn hervorbrachte. Wenn die weißen Weinessige mehr Farbe zu haben scheinen, als der weiße Wein besaß, woraus sie entstanden, so hat man dies bloß den vom Essigbrauer zugesetzten, färbenden Substanzen, oder der Gegenwirkung des Essigs selbst auf diesen schleimichten Bodensatz beyzumessen, welcher zum Theil extractif oder auflöslich geworden ist.

Der schon fertige Essig hat eine gleich sorgfältige Aufbewahrung, als der Wein nöthig, und zwar in vollen Gefäßen, und an mehr kalten als warmen Orten, sonst schlägt er um, zersetzt sich, verliert seinen Geschmack, und gehet in die Fäulniß über. Man kann aber nicht sagen, daß alles, was den Wein erhält, auch zur Aufbewahrung des Essigs dienen könne. Dies ist viel zu allgemein und unrichtig. Weder die Bewegung, noch das Absieden, noch auch der Zugang der Luft, alles Dinge, die den Essig dauerhaft machen, und ihn vor Verderbniß bewahren, sind dem Weine vortheilhaft, vielmehr im Gegentheile höchst schädlich. Um den Essig zu erhalten, muß man alles vermeiden, was eine neue Bewegung darin erzeugen, und die Flüssigkeit zu der schalen Gährung bringen könnte, nemlich 1) den Zugang der Luft durch genaue Verschließung der Fässer; 2) die Wärme, durch Aufbewahrung an einem kühlen Orte. (Diese beyden Verwahrungsmittel verlangt indessen bloß der durch heftige Wärme hervorgebrachte Essig.) 3) Die Hefen, welche eine Gährung darin erregen könnten, weshalb man Sorge tragen muß, den Essig recht klar in Gefäße zu füllen, worin man ihn aufheben will; 4) solche Gefäße, deren Masse dem Essig Theile darreicht, welche er auflösen, und er dadurch seine ursprüngliche Beschaffenheit verlieren kann.

Alle weinichte Flüssigkeiten sind der Essiggährung fähig. Diese Bemerkung, ob sie gleich auf alle dergleichen Flüssigkeiten paßt, gehet demungeachtet den eigentlich sogenannten Wein näher an, und nicht alle Weine sind gleich geneigt, einen guten Essig zu geben. Diejenigen, deren natürlicher Geschmack merklich zuckerhaft ist, schicken sich nicht so gut dazu, als diejenigen, welche eine Art Säure besitzen, vorzüglich wenn diese Säure nicht von einer Unreifheit herrührt, sondern der natürliche Geschmack eines Weines ist, der aus recht reifen Beeren bereitet worden. Dieses ist sehr einleuchtend; der Wein ist die einzige Flüssigkeit, (nicht Honig- und Zuckerwasser auch?) die einer vollkommenen Essiggährung fähig ist; enthält er nun zuckerhafte Theile, so ist dies ein Beweis, daß nicht alle seine Theile die weinichte Natur angenommen haben. Auch hat man beobachtet, daß sehr süße und schleimichte Weine keinen Essig, oder doch sehr schwer geben. Diese Schwierigkeiten sind indessen zu heben; die dicken süßen Weine müssen bey der ersten Gährung nur darnach behandelt werden, daß alle zuckerhafte Theile in Wein aufgelöset werden, durch Verdünnung des klebrichten Mostes mit warmen Wasser ꝛc. Sind es alte, süße Weine, so werden sie nach der Verdünnung und andrer guten Behandlung dennoch, obgleich etwas langsam, zu vollkommenem Essig.

Eben so wenig sind die zu weinsteinichten Weine im Stande guten Essig zu geben. Sobald die Essiggährung in dieser Art Weinen entsteht, nimmt die überaus große Menge des niederfallenden Schleimes fast stets ein Uebermaaß von salzhafter Substanz mit sich zu Boden, daher es denn kömmt, daß der Essig weniger sauer bleibt, als er sollte, und deshalb der Verderbniß eher unterworfen ist.

Indessen darf man sich durch dergleichen Schwierigkeiten bey der Wahl der Weine nicht abschrecken lassen; sie sind augenscheinlich übertrieben. Man hat durch eine Stubenwärme von 60° Fahrenh. aus dem unreifesten Landweine binnen acht Wochen, mittelst gehörig angebrachter Bewegung, den vollständigsten schärfsten Essig erhalten. Auch die Agrestheile des unreifen Weines gehen unter dieser Behandlung in die weinichte und schleunig, aber unmerklich in die Essiggährung über. Man kann solchen geringen Wein allenfalls anfänglich mit etwas Hefen ansetzen. Uebertreibt man aber solche Flüssigkeiten mit der Wärme, dann wird nichts als eine schale, verdorbene Jauche daraus.

Da nun die Gährung zu ihrer Erzeugung stets eines künstlichen Hülfsmittels benöthiget ist, so ist aus dem Vorhergehenden klar, daß ihre Dauer und ihre Perioden weniger auf der Heftigkeit dieser künstlichen Hitze, als auf der Gleichförmigkeit derselben beruhen, so daß man über diesen Punkt keine gewisse Regel festzusetzen im Stande ist, außer daß man die einmahl erregte Hitze nicht verringern lasse, sonst wird die Bewegung entweder gestört oder unterdrückt. Ist dies einmahl geschehen, so wird sich der Essig nicht erzeugen, so viel man sich auch nachgehends Mühe giebt; sollte es auch geschehen, so wird es doch immer ein schlechter Essig seyn. Denn die Gährung ist eine aneignende Bewegung, die Aneignung aber kann nicht vor sich gehen, als durch eine gleichförmige Bewegung; man sieht daher wohl, daß diese Gleichförmigkeit bey dieser Art von Gährung nothwendig ist. Und in der That, man kann den durch starke Hitze bis zur halbsauren Flüssigkeit gezwungenen Wein nicht sorgfältig genug vor Stöhrung und Abkühlung verwahren, daß er nicht mitten in der Gährung umschlage; so wie man einen verzärtelten Menschen durch alte Ofenwärme nicht genug vor Verkältungskrankheiten hüten kann. Aber ist deswegen die wärmliche Diät die empfehlens-

würd-

würdigste Lebensordnung? Um die Verkältung und Umschlagung eines bey 50° bis 60° Fahr. erzeu ten Essigs darf man eben so wenig ängstlich in Sorgen seyn, als um den Schnupfen bey barfüßigen Bauerkindern.

Daß die Essiggährung ihren Anfang nimmt, merkt man, wann die Flüssigkeit ihre Durchsichtigkeit verlieret, welche Trübigkeit gerade so lange dauert, als diese Gährung Statt findet. Sobald diese Flüssigkeit sich oben her aufzuhellen scheint, so ist dies ein Kennzeichen, daß die Gährung hinlänglich lange gedauert habe. Die Dauer der Gährung aber, vom ersten Augenblicke an bis zum letzten kann nur auf eine sehr unbestimmte Weise angegeben werden, da die Menge der in Bewegung gesetzten Flüssigkeit, ihre Natur, und das vom Künstler angewandte Zwischenmittel eben so viel Umstände sind, welche diesen Zeitraum unendlich verschieden machen.

Sobald die Gährung hinreichend zu seyn scheinet, muß man die Flüssigkeit an einen kühlern Ort bringen, sonst ziehet die ununterbrochen fortdaurende Verfeinerung der Bestandtheile der Flüssigkeit die gänzliche Zerstörung des schon gebildeten Essigs nach sich, und den Uebergang zur Fäulniß von Seiten der abgesetzten Materien. Nach diesen theoretischen Zergliederungen, die sich insgesammt auf die Erfahrung und auf alles das gründet, was die berühmtesten Scheidekünstler hierüber geschrieben haben, welche zur Hervorbringung der Essiggährung Anleitung geben, und die Hauptphänomenen dieser Gährung entwickeln,

wickeln, will ich nun die Verfahrungsarten und die Werkzeuge beschreiben, mittelst welcher die Künstler diese Theorie in Ausübung bringen zur Verfertigung des käuflichen Essigs.

3) Die Verfahrungsarten bey Anfertigung der verschiedenen Essige. Da keine Geräthschaften von simplerer Verfertigung, als die zur Bereitung des Essigs sind, und da das Ganze auf Tonnen, Fäßchen, Wannen, Trichter, Schleifkannen, und andere allgemein höchstbekannte Gefäße hinausläuft, deren sich auch andere Künstler bedienen, und welche die Böttcher verfertigen; so will ich bloß ihre Besonderheiten anzeigen, während ich jede Methode beschreiben werde, vermittelst welcher man den Essig nicht nur ins Große bereiten kann, sondern die auch zu solcher Bereitung wirklich in verschiedenen Gegenden in Ausübung gebracht werden.

a) Die deutsche Methode. Man nimmt eine Tonne, die fünf bis sechshundert Pinten fassen kann, so wie die im Handel gewöhnlichen Brantweinpipen sind. Man schlägt den einen Boden heraus, und setzt an dessen Statt einen andern hinein, welcher in der Mitte ein viereckichtes mit einer Klappe verschießliches Loch hat. Die Pipe muß mit eisernen Reifen wohl gebunden, und von ziemlich starken Dauben verfertigt seyn. Man stellt sie aufrecht auf ein Gerüste, oder ein Lager, welches dieselbe sechszehn bis achtzehn Zoll erhebet; drey Zoll vom Boden herauf bringt man eine Röhre

oder

oder einen Hahn an, welcher selten von Kupfer ist; öfters dienet dafür ein hölzerner Pflock, welcher in das erwähnte Loch einpasset. Die Klappe, welche in einer in das Holz des obern Bodens eingelassenen Vertiefung ruhet, und welche in ihrem viereckichten Durchschnitte sechs bis zwölf Zoll hält, ist in der Mitte mit einem Loche, anderthalb gute Daumen breit, und mit einem Spunde verschlossen, versehen; dieses Loch dienet, wenn es nöthig, zur Aufstellung eines Trichters, welcher gewöhnlich aus einem runden, oder eyförmigen Wännchen bestehet, welches zwey Fuß im Durchmesser, drey Füße, welche drey Dauben bilden, und eine Dille hat, welche acht Linien weit, von Kupfer oder Weißbleche, und wenigstens zwey Zoll länger ist, als die Füße des Wännchens.

Ein guter Essigbrauer muß seine Fässer genau besichtigen und nachsehen, daß sie reinlich und in gutem Stande erhalten werden; er muß sogar bey ihrer Verfertigung zugegen seyn, wenn er nicht Gelegenheit gehabt hat, gute Tonnen zu bekommen, in welchen Brantwein gewesen ist. Letztere haben einen besondern Vorzug vor den neuen, welcher darin bestehet, daß das eichene Holz, aus welchem gemeiniglich die Dauben bestehen, bereits sein färbendes und bitteres Harz von sich gegeben hat, und daß der Brantwein, welcher darin verwahrt gewesen, die auszugsfähigen Theile verdichtet, und das Gefäß folglich dauerhafter gemacht hat.

Da

Da in Deutschland verschiedene Brauer zugleich Essigfabrikanten und Kornbrantweinbrenner sind, so sehen sie dahin, daß ihr Geräthe in eben die Werkstatt komme, wo die zum Bierkochen bestimmten Oefen, oder die Brantweinblase ist, um die zur Verfertigung des Essigs nöthige Wärme zu erhalten. Einige glauben, es sey ein für alle übrigen Verfahrungsarten wesentlicher Umstand, daß die weinichte Flüssigkeit einer Wärme von 20 bis 22 reaumürischen Graden ausgesetzt werden müsse, um der Essigwerdung fähig zu werden; einer Wärme, welche mit den 77° bis 81½ Grade Fahrenheits übereinkommt. Die Wärme darf nicht über den 25° Reaum. oder den 88° Fahr. steigen. Ein anderer hat bemerkt, daß die Gährung am besten bey einer Wärme von 85° Fahr. oder 23½ reaum. Graden von statten gehe, und daß eine Hitze, welche über den 90° Fahr. oder den 26° Reaum. steigt, nachtheilig wäre. Bey einer Hitze von 110° Fahr. oder 34° Reaum. erhielt er ein Essigprodukt, welches des geringen Geschmacks wegen, diesen Namen nicht verdient. Obgleich eine große Wärme die Gährung beschleunigt, so schadet sie doch, wie man leicht denken kann, durch Verflüchtigung der feinsten Theile. Was die Wärme der Flüssigkeit anlangt, so ist sie nach Verschiedenheit des Wetters und des Gährungsgrades verschieden. Den ersten Tag steigt sie von 30° bis 32½° Reaum. oder von 100° bis 105° Fahr. und verringert sich dann

von

von Tage zu Tage bis zu dem Grade der Temperatur des Orts, wo die Arbeit geschiehet. Allein da die eigenthümliche Wärme des zum Essig übergehenden Weins an sich schon grösser wird, so sind alle diese so eben angeführten Wärmegrade zu heftig für die Essiggährung. Welche Menge Geist muß bey dem 105 Grade verlohren gehen? Ist aber die Temperatur des Orts höchstens 65°, wie es nach der Erfahrung am besten ist, so geht die Gährung nicht so schnell und reissend vor sich, man erhält aber einen doppelt so sauren Essig, als bey jener Wärme (77° bis 105°).

Die Pipe füllt man mit gutem Weine auf zwey Drittheile an, welches vierhundert Pinten austrägt; hiernächst läßt man in einem Kessel, oder in einem andern Gefäße, auf ein- oder zweymal, hundert Pinten desselben Weines sieden, gießt ihn noch ganz kochend in das Faß, (— aber wie viel Geist geht da nicht unnützer Weise verlohren!) macht die Klappe zu, und bedeckt das Gefäß, wie einige, mit dicken Tüchern, wie andere, mit Stroh, oder auch mit Mist, um so lange als möglich die durch den kochenden Wein mitgetheilte Hitze zu erhalten. Nach Verlauf von drey bis vier Tagen zapft man etwas von der Flüssigkeit ab. Fängt sie nicht an trübe zu werden, oder ist es nur wenig, so ziehet man geschwinde abermals hundert Pinten herunter, kocht sie, wie das erstere Mahl, und gießt sie durch den Spund hinein. Selten ist es, daß diese

zwey-

zweyte Operation nicht hinreichen sollte, die saure Gährung zu bewirken.

Sobald man nach Abziehung eines kleinen Theils der Flüssigkeit bemerkt, daß es Essig geworden ist, so öffnet man die Pipe, und kühlet sie durch Hinwegnehmung der Klappe ab, und ziehet, sobald sich die Flüssigkeit aufgehellet hat, dieselbe entweder durch den Hahn, oder durch die Klappe auf kleine Fässer, die man an einem kühlen Orte verwahret. Es bilden sich sehr wenig Hefen, man läßt sie also verschiedene Jahre darin, und glaubt, daß sie die Gährung beschleunigen helfen; dann aber werden sie zu überhäuft, und man schüttet sie weg.

Auf folgende Weise verfährt man zu Strasburg bey der Bereitung des Weinessigs. Man hat Fässer so mit Weinessig angefüllt, daß sie oben vier Zoll hoch leer sind. Auf der Seite jeden Fasses ist eine Oeffnung mit einem Hahn versehen, wodurch man ein Sechstheil des darin enthaltenen Essigs abzieht, und ihn in kleinen Fäßchen zum Verkaufe verwahret. Dann füllet man einen Kessel halb mit schlechtem Wein und halb mit Essig an, läßt dieses Gemische sieden, welches einen Schaum von sich giebt, welchen einige Essigbereiter wegschütten, und gießt dann die Flüssigkeit durch ein leinenes Tuch, andere thun dieses nicht; doch kommen sie alle darin überein, daß sie die Flüssigkeit nur so lange über dem Feuer lassen, bis sie zu sieden anfängt, und sie dann noch sie-

siedend in die Fässer füllen, woraus sie den Essig abgezogen haben. Um diese heiße Flüssigkeit dergestalt in die Fässer zu gießen, daß sie gleichförmig darin verbreitet werde, bedienet man sich einer Röhre, die bis auf den Boden herabsteigt, worauf man einen Trichter setzt; damit aber die feinsten Theile nicht durch die Wärme der hinzugefügten Flüssigkeit verflüchtigt werden mögen, verstopfet man die Fässer genau vier und zwanzig Stunden lang. Nach Verlauf dieser Zeit macht man die Oeffnungen auf; um aber allen Luftzug, und alle Gemeinschaft mit der äußern Luft, welche die Gährung leicht stöhren könnte, zu vermeiden, trägt man ungemeine Sorgfalt, die Thüre und Fenster der Werkstatt genau zuzumachen. Um den Grad der Gährung beurtheilen zu können, bedecken die Essigbrauer die Mündung jeder Tonne mit einem hohlen Gefäße. Wenn sie sehen, daß in dem Innern dieses hohlen Körpers sich Tropfen ansetzen, so wissen sie, daß die Gährung wohl von statten gehe. Sehen sie aber, daß sich eine zu große Menge derselben daselbst versammlet, so urtheilen sie, daß die Gährung zu heftig ist, und dämpfen sie durch Hinzuthuung kalten Weins. Um einen stärkern Essig zu erhalten, kochen sie ihren Wein oft mit Aron- und Bertramwurzel, oder auch mit Pfeffer.

Diese Strasburger Essigfabrikation ist nicht viel werth, wenn sie anders richtig vorgetragen ist. Wie viel Abziehens und Kochens giebts da, wo Zeit und Mühe, so wie auf der andern Seite der Geist des Weins mit Nachtheil verlohren geht!

b) Die nordische Methode. Bey dieser Methode nimmt man eine Art Tonnen, die mehr lang als dick sind, und deren beyde Enden in eine abgestumpfte Spitze ausgehen, und die man deshalb Flöten nennet. Jede derselben kann funfzig bis hundert Pinten fassen. Man bringt sie auf Lager, oder auf sechs bis acht Fuß lange Bäume, die durch zwey Riegel verbunden sind, wovon jeder zwey Füße hat. Diese Lager sind gegen die Mitte ihrer Länge zu eingebogen. Man sieht leicht, daß, wenn man diese quer über dem Lager liegenden Fässer an sich ziehet, und sie dann wieder fahren läßt, sie einige Zeit hindurch, und so lange hin und her rollen, bis sie an dem niedrigsten und hohlsten Orte zur Ruhe kommen, und daß ihre eigene Gestalt diese Bewegung dem Arbeiter erleichtert und anhaltender macht. Diese Bewegung ist das einzige Kunststück des Essigbrauers, welcher diese Methode ausübt. Diese Vorrichtung bringt man in einem Keller, oder einem andern im Schutze stehenden Orte an, welcher mehr heiß als temperirt seyn muß.

Die langen Fässer füllet man auf drey Viertheile entweder mit Wein, oder mit zwey Drittheilen Wein und Einem Drittheile Essigs an; andere thun noch einige Ingredienzen dazu, wovon weiter unten die Rede seyn wird,

oder

oder einzig und allein das sogenannte Essigbrod. Man befestiget den Spunt dergestalt, daß er nicht herausgehen kann, ziehet hierauf die Tonne nach sich, überläßt sie sich dann selbst, und kollert sie solchergestalt auf dem Lager längere oder kürzere Zeit. Wann das Rollen nachläßt, so ziehet sie der Arbeiter wieder an sich, und stößt sie zurück, um sie von neuem in Bewegung zu setzen, womit er beym Uebergange von einem Fasse zum andern, nach Maaßgabe der Zahl derselben, fortfährt, und gleiche Behandlung wenigstens dreymahl in vier und zwanzig Stunden fünf bis sechs Tage hindurch wieder vornimmt, je nachdem die Jahreszeit, oder der Ort warm ist, in welchem er arbeitet. Sobald er bemerkt, daß der Wein recht trübe wird, und säuert, so läßt er die Fässer vier bis fünf Tage in Ruhe, ziehet dann den Essig herunter, und hebt ihn in kleinen wohl verstopften Gefäßen auf.

Dieses Verfahren, welches nach der Versicherung in verschiedenen Gegenden des nordlichen Europas angewendet wird, beweiset im Großen die Wahrheit jener physischen Erfahrungen, durch welche man dargethan hat, daß bloße Bewegung hinreichend sey, Wein in Essig zu verwandeln. In der That haben einige Wein an die Flügel einer Windmühle befestiget, andere aber an den Krümzapfen solcher Mühlen; und alle versichern, binnen sehr kurzer Zeit diesen Wein in vortreflichen Essig verwandelt zu haben.

Noch muß man hier bemerken, daß bey diesem entweder im Großen oder im Kleinen in Ausübung gesetzten Verfahren sich keine Luft entwickelt, wie bey der weinichten Gährung erfolgt.

Uebrigens habe ich in dem Buche, in welchem dieses Verfahren beschrieben stehet, nichts gefunden, wodurch die Dauer des hier beschriebenen Verfahrens angegeben würde. Diese Zeit beruhet stets und in allen Umständen auf der Güte des Weins, auf der in der Werkstatt vorhandenen Wärme, und auf der Thätigkeit des Arbeiters, Dingen, die gemeinschaftlich in dem zum Essig bestimmten Weine den hinlänglichen Grad der Erwärmung bewirken helfen müssen, welcher zur Umwandelung des Weins in Essig erforderlich ist.

c) Die Flamländische Methode. An einem unterirdischen Orte bringt man einen bis anderthalb Fuß über den Fußboden erhabenen Lager an, auf welchen man Tonnen, je zwey und zwey aufrecht setzt, die ungefähr so viel als ein Muid fassen können. Gegen ein Drittheil ihrer Höhe (zwey Zoll vom wahren Boden wäre hinlänglich und zweckmäßig) haben die Fässer einen falschen Boden; welcher aus Dauben zusammengesetzt ist, die mit zwey dünnen Querhölzern verbunden sind. Diese Dauben sind an verschiedenen Orten dergestalt mit einem Wendelbohrer durchlöchert, daß das Ganze wie ein Küchendurchschlag aussieht. Dieser falsche Boden, welcher kleiner, als der inne-

innere Durchmesser der Tonne ist, in welche er kommen soll, ruhet auf einem hervorragenden Rande im Innern des Fasses, welchen Rand gewöhnlich ein etwas dicker Reif vertritt, oder er ruhet auch auf drey aufrecht stehenden Stecken, die an die Dauben des Fasses befestigt sind, oder auch wohl auf drey ähnlichen Stecken, die auf dem falschen Boden selbst aufgenagelt sind.

Der eigentliche Boden eines jeden Fasses ist fest; zwey Zoll über demselben bohrt man ein Loch zwischen den Reifen ein, so groß, daß ein starker Hahn mit weiter Höhlung hineingehet. Wenn nun die Vorrichtung mit den Paar bey Paar aufgestellten und jetzt beschriebener maaßen zugerichteten Fässern im Stande ist, so schüttet der Arbeiter auf den falschen Boden eines jeden Fasses herbe Materien, dicke Hefen, Weinbeertrestern, scharfe Pflanzen aus der Klasse der vierblätterigen Blumen, dergleichen die Gartenraute, der Rettig, u. s. w. ist. Dann füllet er allemal eine von den zwey Tonnen mit bloßem Weine an; den andern Tag, oder, welches noch besser, zweymal des Tags, ziehet er diesen Wein auf Schleifkannen, und gießet ihn auf die leere Tonne; mit dieser Herüberfüllung aus einer Tonne in die andere fährt er so lange fort, bis der Wein recht trübe und sauer ist; dann gießt man ihn in ein anderes Faß, welches man zuspundet, und den Essig setzen läßt. Geschähe dieses Ab- und Zufüllen nicht so oft und

und häufig, so würde man, vorzüglich bey starker Wärme, den Essig oft umschlagen sehen, ehe er seine Endschaft erreichet; denn die Menge fremder Materien schlucket viel Essig ein, und vermehret den Bodensatz unglaublich. Die Aufhellung beschleuniget man dadurch, daß man in letzteres Faß dünne und breite buchene Späne wirft, welche der niedersetzenden Hefe viel Oberfläche darreichen, die Absonderung beschleunigen und verursachen, daß der Werkmeister desto eher seinen Essig klar, und als Kaufmannsgut abziehen kann.

Dieser Handgriff mit den Hobelspänen ist den Essigbrauern nicht eigen, die Wein- und Ziderhändler wissen damit umzugehen; die Brantweinverschleiser thun desgleichen, wie denn unsere Weinessigbrauer bey ihrer Arbeit am liebsten die Späne nehmen, welche schon zur Abklärung des Brantweins gedient haben; sie glauben, daß ihr Essig hiedurch mehr Dauer erhält, und sie haben Recht.

d) Die französische Methode. Bey den bisher beschriebenen Verfahrungsarten machten die Wärme, oder welches auf eins herauskömmt, die Bewegung das Hauptstück aus. Es giebt aber einen Prozeß, der in allen Häusern guter Wirthschafter gebräuchlich, und so einfach, aber dabey so gut ist, daß man sich beym ersten Anblick sowohl über seine Einfachheit, als auch darüber wundern wird, daß es noch niemanden, der über diesen Gegenstand ge-

geschrieben hat, eingefallen ist, desselben zu erwähnen.

Man kauft ein Fäßchen des besten Weinessigs, ziehet eine Pinte zum häuslichen Gebrauche ab, und füllt den leeren Raum mit einer Pinte guten Weines an; während man diese erstere Pinte verbraucht, ist der Wein, welcher im Verhältnisse eines Zwölftels mit eilf Theilen des besten Essigs verbunden worden ist, selbst sehr guter Essig geworden. So oft man nun eine Pinte Essig aus dem Fäßchen nimmt, ersetzet man dieselbe mit einer Pinte Wein, und so giebt das stets volle Fäßchen immer den vollkommensten Essig, welches in gewissen Haushaltungen über zwanzig Jahre dauert, während welcher Zeit die zwölf zuerst gekauften Pinten Essig nach und nach pintenweise wenigstens vierhundert und achtzig Pinten Wein in Essig verwandelt haben.

Man sieht, daß diese Angaben unbestimmt sind, und leicht ins Wunderbare fallen. Wie oft soll man eine Pinte Essig aus dem Fäßchen nehmen? zu geschwind auf einander würde Essig, mit Wein vermischt, nicht vollkommenen Essig geben. Nach der angegebenen Berechnung, daß zwölf Pinten Essig in zwanzig Jahren, vierhundert und achtzig Pinten Wein zu Essig machen, könnte man alle vierzehn Tage eine Pinte Essig herausnehmen, und so viel Wein wieder zugießen.

Da unterdessen diese Methode sehr einfach ist, und alle gute Wirthschafter sie in Ausübung bringen, so verdient sie genauer beschrieben zu werden. Man nimmt nemlich ein Fäßchen, welches man auf zwey Drittel mit gutem, recht hellem, Essige anfüllet. Man zieht ein Zwölftel bis höchstens ein Achtel davon ab, und füllet Flaschen oder kleine Fäßchen damit an, welche man genau verstopft. Diesen Essig hebt man zum Hausgebrauche auf. Man ersetzt die Stelle des hinweggenommenen Essigs mit recht klarem Wein, verstopfet das Essigfaß bloß mit einem Papierstöpsel, oder mit einem leicht angebrachten Korke, hält dasselbe an einem temperirten Orte, und zieht alle Monate die erwähnte Menge Essig ab, füllet aber, wie das erste Mahl, eben so viel Wein wieder auf. Verschiedene Oekonomen, die beobachtet haben wollen, daß der Mond auf die Essiggährung Einfluß habe, wählen zu dieser Arbeit den ersten Freytag nach jedem Neumonde. Andern zufolge kann man eine größere Menge Essig abziehn, wenn man viele Aelchen in der Flüssigkeit bemerkt. Bereitet man den Essig auf diese Weise, so wird man ihn immer helle haben, und es wird sich keine Essigmutter oder merklicher Bodensatz ansetzen.

Niemand wird mich überzeugen, daß der Weinessig hier nicht eigentlich als ein Ferment betrachtet werden könne, da keine Gährung, auch keine innere, merkliche Bewegung vor sich gehet; und doch soll er die einzige, bestimmende Ursache der Verwandlung des Weins

im

in Essig seyn, jedoch nur seiner großen Uebermenge wegen. Es ist ausgemacht wahr, Essig ist das einzige Essigferment. Gleiche Theile, oder auch nur ein Theil Essig zu vier Theilen Wein werden, bey gleicher Behandlung, sechs bis zehnmal geschwinder zu Essig, als bloßer Wein.

Diese so einfachen Mittel, welche so bequem und so leicht einzusehen sind, machen das große Geheimniß der Essigfabrikanten zu Orleans aus, oder vielmehr, diese Künstler haben bey ihren Arbeiten kein Geheimniß. Folgendes ist Herrn Demachy von einem Essigbrauer dieser Stadt ohne die mindeste Schwierigkeit, und mit der größesten Offenherzigkeit gegeben, gezeigt und demonstrirt worden, von dem ich es hier wieder entlehnt habe.

Nichts ist einfacher als ihre Vorrichtung. Längs der Mauer der Werkstatt hin liegen zwey Reihen Tonnen, die aus guten und starken Dauben eigentlich hiezu verfertiget und wohl gebunden sind. Statt des Spunts ist an einem der beyden Boden ein Loch, anderthalb Zoll im Durchmesser. Man legt die Tonnen dergestalt auf das Lager, daß dieser Boden vorwärts kommt, und die besagte Oeffnung oben stehet. In großen Werkstätten dieser Art legt man zwey Schichten dieser Tonnen, die wenigstens eine halbe Queur von Orleans fassen können, welches, wie ich glaube, auf zwey Drittheile eines Müids ausmacht.

Mit Eisen gebundene und leichtere Schleifkannen, als die der Weinhändler, welche zehn Pinten fassen, weißblechene, kegelförmige Trichter, an deren Boden eine unten im rechten Winkel auswärts gebogene Dille befindlich ist, sind alle Geräthschaften dieser Leute.

Will jemand eine Fabrik errichten, so sorgt er dafür, von einigen Meistern eine hinlängliche Menge schon fertigen Essigs zu borgen, um jedes seiner Fässer zur Hälfte damit anzufüllen. Hiezu füllet er, vermittelst eines Trichters, eine Schleifkanne weißen oder rothen Weiu von zehn Pinten, je nachdem er rothen oder weißen Essig fabriziren will. Nach Verlauf von acht Tagen, zuweilen, wenn der Sommer sehr heiß ist, in noch kürzerer Zeit, thut er abermahls eine zehn Pinten haltende Schleifkanne, oder wenn es sehr heiß ist, zwey Schleifkannen voll in jede Tonne, welches er abkühlen nennet, und fähret so alle acht Tage fort, bis er die Tonne bis an die Oeffnung des Bodens angefüllet hat, welche immer offen bleiben muß. Sind die folgenden acht Tage verflossen, so zieht er den Essig ab, mittelst eines Pumpenhebers, wovon das eine Ende in dieses Loch herein gehet, (die einzige Oeffnung der Weinessigfässer), und bis auf den dritten Theil in die Tonne eintaucht. Diese Pumpe bestehet aus zwey Armen; der eine steigt senkrecht herab, und ist an seinem äußersten Ende mit einem quer durchgehenden Hahne

Hahne versehen, durch den der Weinessig fließen muß, der andere aber ist mit dem erstern durch eine kurze Querröhre verbunden, und weicht in seiner Richtung von dem erstern Arme in einem Winckel von fünf und vierzig Graden ab; sein äußerstes, offenes Ende steigt wieder herauf, damit die Bodenhefen sich nicht mit der klaren Flüssigkeit vermischen können, welche in diese Pumpe nicht von unten heraufgezogen, sondern von oben herein läuft, um dann längs dieser Röhre herabzusteigen, und in den zweyten Arm zu fließen, welcher außer der Tonne ist. Man kann leicht denken, daß der Heber vor seiner Eintauchung mit Essig angefüllet seyn muß; ohne diese Vorsicht würde das Abziehen nicht erfolgen. Der Weinessigfabrikant läßt jedes Faß zur Hälfte mit Weinessig angefüllet, um es nicht zu verschwächen; er fängt mit seinen stufenweise fortgesetzten Anfüllungen wieder an, deren Zwischenzeiten sich nach der allgemeinen Wärme der Luft, und nach derjenigen richten, die man, wo nöthig, mit einem Ofen in der Werkstatt unterhält, da eine ununterbrochene Erfahrung gezeigt hat, daß der Essig sich nur bey einer Wärme von zwanzig bis zwey und zwanzig reaumürschen Wärmegraden erzeugt.

(Bloß bey dieser Art von Essigbereitung ist ein etwas größerer Grad (70° bis 75°) von Wärme erlaubt, wiewohl unnöthig, wenn die Bewegung angebracht wird.)

Es

Es kommt selten, daß der Essigbrauer nöthig hätte, seine Tonnen vor dem zehnten Jahre zu reinigen, und dann findet er auf dem Boden nur ein wenig taube Hefen, während daß diejenigen, welche verschiedene Ingredienzen in den Essig thun, oder welche schlechten Wein dazu nehmen, eine Menge Hefen von unerträglichem Gestanke vorfinden.

Die Essigbereiter zu Orleans wählen ihren Wein aus, und nehmen nie angemachten, oder geschwefelten Wein dazu, welcher nach ihrer Versicherung, die Fässer verderben würde. Sie suchen den hellesten Wein dazu aus, und ziehen ihn in dieser Absicht vor dem Gebrauche verschiedene Mahle auf frische Hobelspäne; gießen, wenn die Späne zu sehr mit Hefen belegt sind, eine Schleifkanne Wein darüber, schütteln das Faß hin und her, und lassen durch den Spund diesen Wein heraus, welcher alle Hefen hinweggenommen, und die Späne gereiniget hat.

Hier muß ich noch erinnern, daß dieser Gebrauch, so wie das vorher beschriebene Verfahren in Orleans, nur bey den rothen Essigen gewöhnlich ist. Uebrigens kann man aus dem, was hier gesagt worden, den Schluß machen, daß die wahre Essigmutter des Essigfabrikanten der Essig selbst ist; und es würde vielleicht eine angenehme Aufgabe für einen Rechner seyn, zu bestimmen, welcher kleine Theil von dem zuerst angewendeten Essig nach

zehn

zehn Jahren in einem solchen Fasse noch anzutreffen sey.

e) Die Pariser Methode. Bisher haben wir vorausgesetzt, daß der Essigfabrikant nur guten Wein zu seiner Arbeit nimmt; zugleich haben wir gesehen, wie weit die Orleanischen die Genauigkeit in Absicht seiner Wahl treiben, und wie dieses in der That das erste und sicherste Mittel ist, guten Weinessig zu erhalten. Hier wird bloß von der fehlerhaften Methode, diese sauren Flüssigkeiten zu bereiten, die Rede seyn. Ich will die Bewegungsgründe nicht untersuchen, wodurch gewisse Weinessigbereiter veranlaßt werden können, verdorbenem, saurem, oder umgeschlagenem Weine den Vorzug zu geben. Ihr gefährlicher Zustand bringt sie zu dem niedrigsten Preise. Auf folgende Weise gelangt man dahin, ziemlich schlechten Essig aus saurem und stumpfen Weine zu bereiten.

Die Vorrichtung ist fast dieselbe, wie oben bey der Flamländischen Methode (c), nur mit dem Unterschiede, daß man den Stellboden mit herben Dingen belegt, besonders daß man viel von den Hefen gezogenen Wein (Lagerwein) dazu setzt. Ich werde unten Gelegenheit haben, die Art zu beschreiben, wie dergleichen Wein erhalten wird; dies nennen die Essigbrauer das Handwerk. Sobald die Flüssigkeit sich zu trüben anfängt, welches bald geschieht, so rühret man eine bestimmte Menge Essigbrauerbrod darunter, die nach dem

dem mehr oder weniger unangenehmen Geschmack des Essigs verschieden ist. Dieses Brod ist ein Gemisch von Ingwer, Kubeben, langen Pfeffer, weißen Pfeffer, und neuem Gewürze. Man nimmt auf die Pinte Flüssigkeit eine halbe bis ganze Unze davon, lässet die Flüssigkeit aufhellen, und eilet den Essig zu verschenken, weil er gar bald trübe zu werden, und in Fäulniß zu gerathen anfängt.

Der Gebrauch dieses Essigeinschlags ist so allgemein, daß ihn die meisten nördlichen Essigbrauer für schlechterdings nothwendig ansehn. Diese beissenden und würzhaften Substanzen sind für den Essig, was der Hopfen für das Bier ist; beyde verbessern und verdichten, so zu sagen, die Uebermaaße des schleimichten Wesens in den Flüssigkeiten, wozu man sie setzet.

Da die verdorbenen Weine schon einen Anfang zu der sauren, jedoch vernachlässigten Gährung gemacht haben, indem dieses Umschlagen gemeinhin von Fehlern in der Behandlung herrührt, nicht aber die Folge einer sorgfältigen Aufmerksamkeit ist; so würden diese Weine sehr geschwind in Fäulniß gerathen, wenn der Essigbrauer sie auf der einen Seite länger als zwey oder drey Tage in Arbeit behielte, oder wenn er nicht auf der andern Seite jene beissenden Gewächse, die vorhin genannt sind, die Raute, den Essig u. s. w. hinzu setzte. Auch werden die Ausdünstungen der Hefen davon in kurzer Zeit so giftig, daß ein

ein strenger Polizeybefehl die Weinessigfässer nur des Nachts, und mit vielem Wasser zu reinigen, nothwendig wurde.

In Frankreich und Holland macht man auch Essig aus Hefen. Die Beschreibung dieser Methode kann hier nicht überflüssig seyn, da dieselbe ein Mittel an die Hand giebt, eine vortheilhafte Anwendung von den Hefen zu machen. Man bringt die erforderliche Menge Hefen von gutem Weine zusammen, thut sie in eine hölzerne Kufe, die ungefähr achtzehn Müid faßt, verdünnt sie mit einer hinlänglichen Menge Wein, und schüttet dies Gemisch in Säcke von fester Leinewand. Man schichtet diese Säcke in einen sehr großen Kübel von sehr starkem Holze, dessen Boden die Stelle des untern Theiles der Presse vertritt. Man legt Bretter über die Säcke, läßt die Schraube einer guten Presse herab, und schraubt von Zeit zu Zeit immer stärker zu, um den in den Hefen steckenden Wein heraus zu bringen. Die Operation währet etwa acht Tage. Diesen Wein füllet man auf Tonnen, welche anderthalb Müid halten; gewöhnlich bedient man sich hierzu der Brantweinpipen. Die Tonnen stellet man senkrecht auf ihren Boden, und bringt am obern Theile ein ungefähr zwey Zoll weites Loch an, welches man stets offen erhält, damit die Flüssigkeit Gemeinschaft mit der äußern Luft habe. In der Hitze des Sommers wird der Essig gewöhnlich in vierzehn Tagen gut, im Winter aber gehört ein Mo-

nat

nat dazu; ja man ist genöthiget, Ofen aufzustellen, um durch diese künstliche Wärme die Bewegung des werdenden Essigs zu befördern. Wenn die Flüssigkeit bis zu einem gewissen Grade der Gährung gelanget ist, erhitzet sie sich sehr, und öfters so stark, daß man kaum die Hand darin leiden kann. In diesem Falle hemmt man den Fortgang der Gährung durch Abkühlen der Flüssigkeit mittelst einer hinzugesetzten Menge Weins. Man lässet von neuem gähren, bis der Essig gut ist; dann zapfet man ihn auf Fässer, auf deren Boden eine ziemliche Menge Buchenreiser gelegt sind. Die Essigfabrikanten nehmen, so viel ihnen möglich ist, die Reiser hierzu, welche die Weinhändler schon gebraucht haben. Auf diesen Sträuchern läßt man ihn vierzehn Tage lang sich abhellen, zieht dann das Klare ab, und verwahret es in großen Fässern. Der Hauptpunct der Essigbrauerkunst besteht darin, daß man die Gährung zu befördern wisse, ohne das Product zu verringern, aber auch zu rechter Zeit dieselbe zu hemmen wisse; ließe man sie zu weit gehen, so würde der Essig gar bald in eine Art von Fäulniß umschlagen. Die Essigreiser können sehr lange Zeit, wohl funfzehn Jahre nach einander, gebraucht werden.

II. Vom Zider- und Birnmostessige.

Die Normänner, und alle diejenigen, die nach ihrem Vorgange nichts als Zider- und

und Birnmost trinken, bereiten Essig aus diesen beyden Flüssigkeiten. Zu diesem Behufe darf man nur in einem Fasse von achthundert Pinten ungefähr sechs Pfund eines Sauerteigs, wozu Roggenmehl gemischet ist, in warmen Wasser angerührt, durch den Spunt einfüllen. Man rührt alles mit einem Stocke um, und lässet es dann ruhig stehen; selten geschiehet es, daß man nicht nach Verlauf von sechs bis acht Tagen einen starken Zideressig haben sollte; doch muß man ihn, so bald er fertig ist, abziehen, und ihn wohl verstopft aufbewahren, da er dem Umschlagen leichter als der Weinessig unterworfen ist.

Dasjenige, was man in der Normandie Halbzider oder Getränke nennet, wird von selbst eine Art Essig, da die Vermischung des Ziders mit gleichen Theilen Wasser eine zweyte Gährung hervorbringt, in welcher die Salze, wegen der größern Verdünnung des Schleimes mehr entwickelt werden, und so leicht in Säure übergehen, daß dieses Getränk, statt schmackhaft wie der Zider zu seyn, vielmehr säuerlich ist.

Diese Verwandlung in Essig beschleuniget man durch ebenmäßige Hinzuthuung des Sauerteigs, in geringerer Menge, wenn der Halbzider völlig klar ist. Er muß geschwind abgezogen werden. Zwey Ursachen machen diesen Essig so wohlfeil; einmal der eigentliche Preis der Grundmaterie, dann aber die zu befürchtende Gefahr, daß der einmal bereitete Halbzider umschlagen möge. Ist der Absatz davon etwa nicht schnell genug, so überläßt man denselben, da er so leicht säuert, statt, wenn er nicht mehr trinkbar ist, ihn wegzuschütten, lieber dem Essigbrauer, oder vielmehr dem Ziderfabrikanten, der sehr angenehmen Essig daraus macht. Man versichert, daß der Halbzider von Birnmost den besten Essig giebt. Einige nehmen auch, statt des Sauerteigs, einen Theil kochenden Ziders, welchen sie in das Faß schütten.

III. Vom Getreideessig.

Die meiste Schwierigkeit in der Essigkunst macht der ausgezogene Saft aus dem Malze mehlichter Saamen (Würze). Daher mache ich hiermit den Aufang, auch deshalb, weil diese Art, gehörig vollführt, den wohlfeilsten Essig im nördlichen Deutschlande giebt.

Zu dem Getreideessig gehöret also, wie man sieht, Malz, und zwar eigentlich Luftmalz; Darrmalz kann man freilich auch nehmen; jedoch ist ersteres besser, weil es mehr Süßigkeit behält, und daher mehr und bessern Essig giebt. Zum Malz nimmt man Gerste oder Weitzen, je nachdem eins oder das andere am wohlfeilsten zu haben ist; ist die Gerste halb so theuer als der Weitzen, so kann man beyde Getreidearten im Preise gleich rechnen, weil der Weitzen noch einmal so viel an Essig gewinnen läßt, als die Gerste. Jener aber

be-

behält doch den Vorzug, weil er gleicher und besser wächst, sein Malz fast farbelosen Essig giebt, mehr Süßigkeit und mehr Kraft hat, als die andern Getreidesorten, auch im Ganzen verhältnißmäßig wohlfeiler ist. Beym Einkauf des Getreides hat man vorzüglich darauf zu sehen, daß es rein sey, und nicht mit fremden und wohl gar schädlichen Körnern vermischt, z. B. mit Dolch, welcher der Gesundheit schädlich ist; oder Hederich, der die Gahre hindern soll. Ferner muß nicht altes und frisches Getreide untereinander gemalzt werden. Bey nasser Erndte ausgewachsenes Korn taugt zum Essigbrauen nicht, wenn es gleich die Brantweinbrenner ohne Schaden nehmen können. Kurz, je reifer und vollkommener das Getreide ist, desto besser wird der Essig.

1) Die Malzbereitung. Hierzu stellt man ein Gefäß in einer solchen Höhe, daß man die Flüssigkeit, nach Umständen durch ein am Boden befindliches Zapfenloch bequem abzapfen könne; über das Zapfenloch breitet man ein Tuch von grober Leinewand, das Tuch belegt man mit einigen Steinen zur Haltung; vorne, wo der Zapfen am Boden ist, muß es über den Rand des Fasses hangen, um daran ziehen zu können, wenn beym Abzapfen eine Stauung oder Verstopfung entstehet. Auf dieses Tuch schüttet man das Getreide in das Faß, gießt dann so viel kaltes Flußwasser darauf, daß es etwa sechs Zoll hoch überstehe. Wenn nach vier und zwanzig Stunden auf

dem Wasser sich eine Haut gesetzt hat, so schöpfet man diese ab, damit sir sich nicht auf das Getreide setze, und sich damit vermische. Hiernächst rühret man das Getreide wohl um, wodurch das Wasser schmutzig und das Getreide gewaschen wird; alsdann schöpfet man oben so viel Wasser ab, als sich will thun lassen, so kommt der Schmutz zum Theil weg, und nicht wieder unter das Getreide; und endlich zieht man den Zapfen heraus, und läßt alles Wasser rein ablaufen.

Wenn alles rein abgelaufen ist, so gießt man wieder frisches Wasser auf, wie vorher; und nach vier und zwanzig Stunden verfährt man eben so. Beym Weitzen ist es gemeiniglich hinreichend, wenn man zweymal Wasser auffüllt; bey der Gerste hingegen muß es dreymal geschehen, besonders wenn selbige alt, hart und sehr trocken ist. Hierauf muß man untersuchen, ob das Getreide mit Wasser durch und durch gesättiget ist; wo nicht, so muß dem einen wie dem andern noch einmal Wasser gegeben werden; wozu eben nicht vier und zwanzig Stunden nöthig sind, sondern hier kommt es auf Umstände an, zu viel ist auch schädlich. Das Korn muß gerade nur so weich geworden seyn, daß man es über den Nagel biegen kann, daß es zwischen den Fingern gedrückt, seinen Kern, mit dem man wie mit Kreide schreiben kann, fahren, und bloß die Schale zurückläßt. Die Schale stehet dann schon merklich an der Spitze offen, und erwartet bloß Wärme, um

den

den Keim hindurch schießen zu lassen. Ist aber das Korn so sehr erweicht, daß beym Druck desselben die Milch heraus sprüzt, so es zu viel; einige Wiederhohlungen lehren es bald merken.

Ist das Getreide nun so beschaffen, wie es seyn muß, so läßt man es noch vier und zwanzig Stunden ohne Wasser stehen, und dieses rein abtröpfeln, deckt es zu, damit es oberhalb nicht trockne, sondern sich vielmehr alles etwas erwärme zum Wachsen. Spürt man dies, so bringt man das Getreide auf einen Boden, oder in ein mehr flaches Gefäß aus einander; es kann so dick liegen, daß man es bequem durchmengen kann, dabey deckt man es immer zu, damit es oben nicht ausdörre. In diesem Zustande unterhält man es, bis es genug gewachsen ist; man muß es aber öfters, wenigstens zwey bis dreymal des Tages fleissig umrühren und mengen, damit alles zugleich wachse; denn oben, und an den Seiten herum liegt es nicht so warm, als in der Mitte. Hier ist nun alle Aufmerksamkeit und Fleiß nöthig; wendet man hier nicht allen Fleiß an, so verhitzt und verbittert ein Theil, und ein Theil kommt nicht zum Wachsen. Wird es heiß, so bringt man es aus einander zum Abkühlen, und dann wieder zusammen. Man sieht mit aller möglichen Sorgfalt darauf, daß alles zugleich, aber nur in die Wurzeln, und doch gut wachse, und ja keine Saamenkeime treibe, sonst wird es bitter, und giebt keine süße und zum Gähren geschickte Würze.

Wenn das Getreide genug gewachsen ist, so bringet man es auf den Boden, und breitet es so auseinander, daß es kaum einen Finger dick liegt, damit es trockne; rühret es oft um, sonst wächst das untere nach, und treibt Saamenkeime, welches man ja verhüten muß. Da aber nicht ein jeder die Gelegenheit eines Bodens hat, so muß man sich einer andern Methode bedienen. Man nimmt z. B. Horden, sechs Fuß lang, zwey Fuß breit, an einem Ende und auf beyden Seiten zwey Zoll hohe hölzerne Leisten, so wie unterhalb einige quer über zur Befestigung; das andere Ende der Horde bleibt frey, um das Malz abschütten zu können; den Boden beleimt man mit doppeltem Papier. Dergleichen mit Malz beschüttete Horden kann man bequem tragen wohin man will, im Sommer an die Sonne, im Winter über den Ofen auf zwey Stangen.

Daß das Malz gehörig trocken sey, erkennet man daran, daß, wenn man einige Körner mit den Zähnen zerbeißt, selbige hart zerspringen und sich nicht etwa noch quetschen. Wenn es nun so hart getrocknet ist, so bringt man es in die Mühle, wo es nur bloß zerquetscht, nicht fein geschroten wird. Einige sprengen es vorher zu Hause mäßig an; es ist aber besser, man unterläßt es. Die Metze bezahlt man den Müller nach den Werth des Getreides.

Um brauen zu können, wenn man will, muß man beständig Malz, so wohl fertiges als gemahlenes, im Vorrath haben; daher feuchtet man es nicht an, sonst verdirbt es. Will man viele Hefen haben, so läßt man das Malz etwas feiner mahlen, wenn auch die Würze davon trübe wird; die Gahre macht sie wieder klar, wie wir in der Folge sehen werden.

2) Das Brauen. Zur Fabrikation des Getreideessigs muß man eine eigene Brauerey anlegen, die hell, räumlich und am Fußboden mit Steinplatten belegt ist, im Erdgeschoß, mit einem Keller gleich drunter. Zu einem Gebräue von einem dresdener Scheffel braucht man 1) einen kupfernen Kessel, worein bequem 130 zweypfündige Kannen Wasser gehen. Dieser Wasserkessel ist flach, in einem stehenden Ofen eingemauert, und unten mit einem Zapfen versehen, woraus das kochende Wasser gelassen wird. 2) einen Gähr- oder Maischbottig, der 300 Kannen hält. Dieser ist ein rundes oben offenes Faß, mit einem genau passenden Deckel versehen. Er darf nicht über 36 rheinländische Zoll inwendig hoch seyn, damit man bequem und mit Kraft den Maisch darin umzurühren im Stande sey. Dieser Bottig wird etwas niedrig angebracht, und der Kessel kann daher mit seinem Ofen so hoch stehen, daß das herausleufende Wasser durch Rinnen in den Bottig von selbst laufen kann. Der niedrige Stand des Bottigs ist auch deshalb bequem, weil auf gleiche Weise

die durchgeseihete Würze aus dem Seihebottig gerade oben hinein durch Rinnen laufen kann, wenn man keinen eigenen Gährbottig hat. 3) einen Seihe- oder Zapfbottig, der etwas mehr faßt, als der Maischbottig. Dies ist (man sehe Fig. 3.) eine hohe Tonne, von starkem eichenen Holze mit eisernen Reifen gebunden, die senkrecht steht, und deren oberer Boden herausgenommen ist. In dieser Tonne ist, einen Zoll hoch vom untersten Boden entfernt, ein sogenannter Stellboden Fig. 3. a, befestiget, aus eichenen Bodenstäben zusammengelegt die mit vielen feinen Löchern durchbohrt sind Hierauf kömmt eine zolldicke Schicht (Fig. 3, b,) von Ellenlang geschnittenen Roggenstroh, worauf querüber zwey eiserne Stäbe einen halben Zoll ins Gevierte zu liegen kommen, damit die Strohschicht in ihrer Lage bleibe, und sich nichts davon beym Einfüllen in die Höhe begeben könne. Unter diesem Stellboden ist ein hölzerner Hahn (Fig. 3. d,) angebracht, den man nur aufzudrehen braucht, wenn man die extrahirte und von der Seihe abfiltrirte Würze in den niedriger stehenden Gähr- oder Maischbottig laufen lassen will. 4) einige Drehtonnen von 260 Kannen. Diese liegen im Keller auf ihrem Gestelle, und vom Zapfen des Maisch- oder Gährungsbottigs gehet schief oder senkrecht eine Röhre herunter, um das abgegohrne Gut in dieselben zu leiten. Das Lager oder Gestelle (Fig. 2. E,) zu den Drehtonnen errichtet man

drey

drey Fuß hoch über dem Kellerboden erhaben, von zwey eichenen Balken oben und unten, die mit starken Füßen und Streben verbunden werden. Dies Gestelle läuft parallel mit der Wand hin, und die zwey obersten Balken sind etwas weiter von einander entfernt, als die Drehtonnen lang sind, die auf ihnen mit ihren Zapfen (Fig. 2. b, b,) in der Schwebe ruhen. Die Tonnen sind von festem Eichenholze mit eisernen Reifen gebunden und gekimmt. An jedem mittelsten Bodenstabe beyder Boden ist ein hölzerner Zapfen von weißbuchenem Holze, oder auch von Eisen am Mittelpunkte der Achse des Gefäßes befestigt, die beyde in einer Vertiefung der obern Lagerbalken, wie in einer Pfanne, ruhen. Nur der vorderste Zapfen ist mit einem hölzernen oder eisernen Drehling (Fig. 2. c,) versehen, um das wagerecht liegende Faß bequem herumdrehen zu können. Es können mehrere Drehtonnen in kurzen Zwischenräumen von einander auf diesem Lager angebracht werden. Der wichtigste Theil einer solchen Drehtonne ist das Scheidebrett (Fig. 2. D,), welches inwendig unterhalb beyder Achsen vom vordersten bis zum hintersten Boden fortläuft. Ist die Tonne in ihrer Ruhe, und folglich der Spunt (Fig. 2. F,) oben, so ist der oberste Theil des Bretts dicht unter der Befestigung beyder Zapfen, während das unterste Ende desselben noch nicht völlig bis zur untersten Faßdaube herabsteigt, sondern nur bis zur Oeffnung des Zaplochs

(Fig. 2. i,). Der hier frey gelassene Theil dient zur Absenkung der Hefen. Wird die Tonne nun gedrehet, so rühret dieses Scheidebrett die eingeschlossene Flüssigkeit kräftig unter einander.

Wenn man brauen will, so läßt man in dem Kessel etwa funfzig Kannen Flußwasser lauwarm werden; unterdessen schüttet man in den Maischbottig einen Scheffel grob geschrotenes Weitzenmalz, und gießt das lauwarm gewordene Wasser darauf, rühret und knetet alles zum festen Teige mit der Rührkrücke zusammen, zu welcher Arbeit eine halbe Stunde erfordert wird. Unter der Zeit ist der wieder mit Flußwasser angefüllte Kessel ins Kochen gekommen. Dieses Wasser lässet man nun zur Hälfte nach und nach in vollem Sude und unter fleissigem Umkrücken in den Maischbottig laufen, oder gießen und wohl unterrühren. Dann gießt man die andere Hälfte auf einmal hinzu, ohne mit dem Rühren einen Augenblick stille zu halten. Das Unterrühren dieser zweyten Hälfte dauert, wie das bey der erstern, eine halbe Stunde. Jetzt ist der zum letzten Mahle angefüllte Kessel wieder im Sude, und man schöpft das Wasser daraus in vollem Kochen auf den Maisch, und rühret noch eine Viertelstunde, worauf der Maischbottig, genau mit seinem Deckel verschlossen, ruhig stehen gelassen wird.

Nachdem dieser heisse Maisch drey volle Stunden zugedeckt gestanden hat, schlägt man ihn

ihn auf den zubereiteten Seihbottig, lässet es etwa eine Viertelstunde darin, und zapft dann die ausgezogene Würze wieder in den reingemachten Maischbottig, oder in einen ähnlich gestalteten Gährbottig von gleicher Größe. Nun müssen zwey Personen einander ablösen, um die Würze mit Rührschaufeln, so geschwind als möglich, zum Erkalten zu bringen. Sobald die Würze lau geworden ist, giebt man die Hefen, und rührt davon, wenn sie frisch sind, sechs Pfund, aber nur drey Pfund, oder etwas mehr von den trocknen. Oder man nimmt, wie andere wollen, welche die trockenen Hefen als untauglich verwerfen, zu einem Berl. Scheffel Gersten zwey Kannen, zu Weitzen drey bis vier Kannen gute Hefen; mehr schadet nicht, und weniger muß öfters auch genug seyn.

Die Braustube wird so eingerichtet, daß man Winter und Sommer eine Wärme von 65 Grad darin gleichförmig unterhalten eann. Hier steht die gestellte Würze kaum fünf bis sechs Stunden, so zeigt sich in der Mitte des Gährbottigs ein weißer runder Fleck, vom feinsten Schaum gebildet, der sich auszubreiten anfängt. Nun läßt man das Gebräude in völliger Ruhe stehen, deckt das Gefäß zu, und vermeidet alle Art von Erschütterung, bis die Gährung in vollem Gange ist. Die ersten pechartigen Hefen nimmt man ab, welche für die Schuhmacher nützlich sind, die damit pappen. Die hiernächst abgenommenen

Hefen

Hefen sind weiß uud schaumicht; man nimmt sie fleissig ab, und wendet sie entweder frisch binnen vier und zwanzig Stunden wieder an, nachdem man sie beym Abnehmen mit etwas kaltem Wasser vermischt hat, oder trocknet sie, wie unten gezeigt werden wird. Wenn das Aufsteigen der Hefen zwölf Stunden nachgelassen hat, und dieselben sich in abgesonderte gekräuselte Docken zertheilt haben, dann kann man versichert seyn, daß die Weingährung vorüber sey.

Folgende selbst von einem Essigfabrikanten angegebene Braumethode ist kürzer, verständlicher und mit weniger Umständen und mit mehr Vortheil verknüpft. Man stellet ein Faß, so groß als nöthig ist, (welches ein jeder nach Beschaffenheit seiner Lage und Brauerey beurtheilen kann, z. B. ein solches, wie oben beym Malzmachen angegeben worden), in die Höhe, so daß man ein anderes Gefäß zum Abzapfen unterstellen kann. Um das Zapfenloch legt man einen von Roggenstroh locker gedrehten Ring, über demselben noch mehr Roggenstroh, und auf das Stroh Bretter, die man mit einigen Steinen belegt. Neben dieses stellt man ein anderes Faß, worein man das gemahlene Malz von einem Scheffel Gerste Berliner Maaß schüttet; gießet laues Wasser, etwa vier Eimer voll, darauf, knetet und arbeitet es damit fleissig durch, damit alles recht gut angrfeuchtet und aufgelöset werde, und läßt es dann eine halbe Stunde zugedeckt stehen.

hen. Zu dieser Arbeit bedient man sich eines ruderförmigen Instruments.

Wenn dieses geschehen, gießt man fünf Eimer voll kochenden Wassers unter beständigen Umrühren zu, und läßt es eine Stunde zugedeckt stehen; hierauf gießt man alles in das nebenstehende Faß auf das Strohlager, läßt es da noch eine oder zwey Stunden zugedeckt stehen, und ruhig setzen. Alsdann zapfet man es ab, gießt die Würze in voriges Faß, das vorher gereiniget worden, und rühret sie oft, damit sie bald kalt werde. Wenn alles abgelaufen ist, so gießt man wieder vier Eimer voll kochenden Wassers auf die Seihe, rühret sie auf, ohne das Strohlager zu verrücken, läßt es eine Stunde zugedeckt stehen, zapfet es ab, und thut die Würze in ein anderes flaches Gefäß zum Abkühlen. Nach diesem gießt man wieder drey Eimer heisses, wenn gleich nicht kochendes, Wasser auf die Seihe, rühret dieselbe auf, und läßt es eine Stunde zugedeckt stehen; zapfet es dann ab in ein drittes flaches Gefäß zum Abkühlen. Man vergesse aber nicht, alle drey Sorten oft umzurühren, um die Abkühlung zu beschleunigen.

Auf diese Art hätte man nun zwölf Eimer Würze, mithin auf dreymal alles ziemlich rein ausgebrauet, denn mit einemmale geht nicht alle Kraft und Süßigkeit aus der Seihe, und das erste Wasser (die vier Eimer voll zum

Ein-

Einmaischen) ist nicht zu rechnen, weil dieses auf der Seihe bleibt.

Nimmt man aber Weitzenmalz zum Brauen, so gießt man zwar zum Einmaischen ebenfalls nur vier Eimer Wasser zu, nachher aber jedesmahl doppelt; so viel, als beym Gerstenmalz. Sind aber die Gefäße nicht so groß, so nimmt man von Weitzenmalz nur halb so viel. Denn das Malz von einem halben Scheffel Weitzen giebt so viel Würze, als das von einem ganzen Scheffel Gerste.

Uebrigens ist es nicht durchaus nothwendig, daß alles zuzugießende Wasser koche. Auch kann man zu jeder Würze, wenn sie abgezapft ist, etwas kalt Wasser gießen, nur mit der Bedingung, wenn man vorher eben so viel kochendes Wasser weniger aufgefüllt hat. Dies hat besonders im Sommer seinen guten Nutzen; es wird dadurch eher kalt zum Stellen, zugleich gewinnt man Zeit, und verhütet auch, daß es nicht lang wird, welches im Sommer, wenn es nicht auskühlen will, leicht geschieht. Wenn dieses indessen aus irgend einem Versehen geschähe, so ist darum nichts verlohren; es giebt den besten Essig, man darf es nur, wenn es völlig abgegohren hat, abkochen, so vergehet es wieder.

Wenn nun die Würze etwa bis zur Milchwärme abgekühlet ist, und man die Hefen, (2 Kannen zu einen Scheffel Gersten, und 3 bis 4 Kannen zu Weitzen) gegeben hat, so gießt man von der ersten besten, süßen Würze dazu,

dazu, rührt alles wohl unter einander, läßt es recht in die Gahre kommen, und dann thut man es zu der andern Würze, welche vorher aus allen drey Sorten zusammengesetzt ist, rührt es durch, und läßt es ruhig stehen. Sieht man es gähren und in die Höhe treiben, so nimmt man die Hefen ab, und nach einer halben oder ganzen Stunde wieder; thut beydes in ein Gefäß, und nimmt davon den andern Tag, wenns völlig abgegohren hat, die Oberhefen ab, die gewöhnlich schwarz und klebricht sind, nichts taugen, und die andern verderben. Nachher treiben schöne weiße Hefen, welche man fleissig abnimmt, so oft sie in die Höhe kommen, und besonders sammlet. Wenn die Gährung vollendet ist, so füllet man das Klare auf andere reine Tonnen, und deckt sie locker zu.

Man brauet auch Weitzen und Gerste zusammen, und zwar aus der Ursache, weil das Weitzenmalz zu mehlicht ist, und sich nicht gerne ausbrauen will; das Gerstenmalz hält es wegen seiner harten Schale locker.

Was das Maaß betrift, so ist ein Berliner Scheffel etwas mehr, als ein halber Scheffel Dresdner Maaß.

Ein (Berl.) Scheffel Gerste wiegt 62 bis 64 Pfund Kramergewicht.

Ein Scheffel Weitzen 85 bis 90 Pfund, nachdem das Getreide gut reif und wohl gemessen ist.

Eine Kanne Wasser hat zwey Pfund.

Ein Eimer 13 bis 14 solcher Kannen.

Eine Tonne hat acht Eimer, oder 110 Kannen.

Hieraus sieht man, wie viel man nach dem höchsten und mittlern Satz machen kann; und es versteht sich von selbst, je weniger man macht, desto süßer wird die Würze, und desto schärfer der Essig. Aber auch nicht allein dadurch wird er scharf, sondern vorzüglich durch eine gute Gahre. Wer also für sein Haus, oder auch zum Verkauf, wenn er bezahlt wird, recht guten Essig machen will, der mache von einem Scheffel Weitzen Eine Tonne, auch wohl zwey Tonnen, behandle ihn in allem recht, und er wird sehen, was er hat.

3) Die Essigbereitung. Wenn, wie am Schlusse der vorigen Braumethode gesagt worden, die Weingährung vorüber ist, so beginnet man die Arbeit zur Essigbereitung, welche darin besteht, daß man, nachdem man vorher die Oberhefen abgenommen, den Zapfen aus dem Gährbottig herauszieht, und das abgegohrne Gut mittelst der schief in den Keller steigenden Rinne in die auf dem Lager befindlichen Drehtonne laufen läßt, die man hiernächst zuspundet. Nun drehet man erst zehn Minuten um, läßt dann den Spunt wieder aufsteigen, daß er gerade oben über dem Fasse steht, hält es an, öffnet den Spunt, und deckt einen Hohlziegel darüber. Diese Arbeit wiederhohlet man die ersten vierzehn Tage

täg-

täglich zweymal, nachher nur einmal, bis das mit dem Heber ausgestochene klar und völlig sauer befunden wird. Eine herausgenommene Probe, mit zerflossenem Weinsteinöle gesättigt darf auf der Zunge, außer einem Geschmacke nach Blättererde, nichts Süßes oder Bierartiges mehr vorschmecken lassen, sonst setzt man das Umdrehen fort.

Findet man, daß alles zu Essig geworden ist, so kann man die helle Flüssigkeit auf eine ähnliche Tonne rein abzapfen, auf der man ihn, bloß mit einem Hohlziegel verdeckt, Jahre lang liegen lassen kann, ohne ein Umschlagen zu befürchten, wenn man nur die Vorsicht braucht, ihn darin alle drey Tage einmal wie dem gährenden Essig zu drehen.

Ist die Würze völlig aus dem Seihebottig abgelaufen, so kann man noch etwa hundert Kannen kochenden Wassers wieder oben einlaufen, und zugedeckt zwey Stunden ziehen lassen, und endlich unten abziehen; eine Flüssigkeit, die bey einem frischen Gebräude mit Vortheil statt des Wassers angewandt, oder mit Hefen abgegohren, als Getränk für die Leute gebräucht werden kann. Dann nimmt man die Treber heraus, und füttert sie laulicht überjährigen Schweinen, deren man stets acht bis neun auf dem Koben halten kann, wenn täglich ein Scheffel verbrauet wird.

Da indessen dieses Verfahren, die Würze zur vollkommenen Säure zu bringen, viel Zeit erfordert, welches nicht jedermanns Sache ist, so will ich eine kurze und weniger umständliche Methode hersetzen.

Wie viel auf eine Essigmutter gehalten wird, ist bekannt; mehrere Essigbrauer geben sich alle Mühe, solche zu erlangen, und bedienen sich wohl dazu allerhand Zusätze, als Sauerteig, Abgänge von Rosinen und anderer Dinge mehr, die theils unnöthig, theils wohl gar schädlich sind. Um Essigmutter darf man nicht bekümmert seyn, sie wird von selbst, und mehr als zu viel. Da sie aber einmal wird, so kann man sich ihrer auch bedienen; sie vertritt die Stelle des sauren Essigs zum Anstellen.

Das Anstellen geschieht am besten in steinernen Töpfen. Man gießt in einen Topf etwas sauren Essig, und eben so viel Essigbier, bindet den Topf mit Papier zu, stellet ihn an den warmen Ofen, so wird es in drey bis vier Tagen sauer. Hat man keinen Essig zum Anstellen, so darf man nur ein wenig Essigbier allein in die Töpfe gießen; es stehet einen oder ein paar Tage länger, dann ist es auch sauer. Hiernächst gießt man wieder etwas zu, so daß die Töpfe halb voll werden, bindet sie zu, so wird auch dieses bald sauer, und nach diesem gießt man die Töpfe vollends so weit voll, daß etwa der vierte Theil leer bleibt.

Die Säure des Essigs untersucht man durch den Geschmack; der Essig muß nicht bitter

ter als schales Bier schmecken, sondern lieblich sauer seyn.

Die Anzahl der anzustellenden Töpfe richtet sich nach der Menge des Essigs, den man machen will. Die Anstellung geschieht auch in Fässern, die oben offen sind, und aufrecht stehen; da kann man aus einem Fasse, das zwey Tonnen hält, Eine Tonne (acht Eimer) abgießen; der vierte Theil des Fasses von vier Eimern war oben leerer Raum, und vier Eimer voll bleiben Mutter unten zum Anstellen. Die Töpfe indessen haben den Vorzug. Man kann, wenn man eine Essigstube hat, viele dergleichen Töpfe um den Ofen stellen; drey Schichten über einander auf ein Gerüste von Brettern, und zwey Schichten neben einander.

Den Essig, der die gehörige Säure hat, gießt man ab, und kocht ihn in Töpfen, oder auch in Kesseln, jedoch in letztern mit der Vorsicht, daß, wenn solche nicht verzinnt sind, man den Essig darin nicht kalt werden läßt, sondern ihn gleich, nachdem er gekocht hat, ausschöpfet. Den abgekochten Essig füllet man auf Tonnen, läßt solche offen liegen, bis der Essig völlig kalt ist, und deckt sie dann locker zu. Nach einigen Tagen, wenn es auch einige Wochen sind, ziehet man ihn wieder ab auf andere reine Tonnen, so wird er immer klärer; je öfter man das Abziehen auf andere reine Gefäße wiederhohlet, desto schöner wird der Essig. Daher ist es nöthig, daß man hinlänglichen Vorrath habe, um dieses Verfahren gehörig bewerkstelligen zu können.

Das Dicke und Trübe aus den Tonnen gießt man nicht weg, sondern thut es in einen Topf, wo es sich setzt, daß man es fast bis auf den letzten Tropfen abklären kann. So klar wird es indessen doch nicht, als der andere Essig, daher verkauft man ihn bald, und an solche Kunden, die es so genau nicht nehmen; den gewöhnlichen Kunden aber giebt man immer den besten und klaren, und so bleibt man bey Kennern in gutem Ruf.

4) Das Hefenmachen, (wobey zugleich die neuere Methode des Essigbrauens beschrieben wird). Die Hefen sind nicht anders, als das feine Mehl vom Malze, welches sich beym Brauen mit durchbrauet, und dann durch die Gährung von dem süßen Safte der Würze losgerissen wird, daß es sich davon absondern kann, und dadurch wieder in den Stand gebracht wird, eine andere süße oder mehlichte Sache in Gährung zu bringen.

Die beym Brauen während der Gährung abgenommenen Oberhefen vermischt man entweder mit kaltem Wasser, und hebt sie in einem verstopften Fäßchen im Keller auf, um sie binnen Tag und Nacht zu verbrauchen, oder man schüttet sie, wenn man Vorrath haben will, sogleich als man sie abgenommen hat, in einen aufgehangenen Sack von Zwillich, läßt die Flüssigkeit in ein untergesetztes

Ge-

Geschirr laufen, die man alsdann in die Drehtonne zur abgegohrne Würze schüttet.

Den Sack mit den abgetröpfelten Hefen bindet man zu, bringt ihn auf den Preßtisch, Fig. 1. G, legt ein eichenes Brett C, darüber, schlägt den Preßhebel B, darauf, und hängt einige Gewichte a, an den Haken h, desselben, die man nach und nach vermehrt, bis endlich so viel angebracht sind, daß keine Flüssigkeit mehr abtröpfelt, binnen einigen Tagen.

Das Blatt des Preßtisches besteht aus einem Stücke einer starken eichenen Pfoste, und ist in der Mitte vertieft (Fig. 1. d,) damit der Sack in dieser Höhlung fest liege, und nichts Flüssiges entweichen könne. Diese Höhlung läuft nach dem einen Ende etwas abwärts in eine Spitze zu, die mit einer blechernen Rinne e, versehen ist, zum Abfließen der ausgepreßten Feuchtigkeit.

Die gekelterten Hefen sind nun zwar fest, müssen aber noch auf Horden getrocknet werden, damit sie nicht schimmeln; man wird sie leicht in gehörige aber gelinde Wärme stellen können, innerhalb der Brauerey. Man hebt sie in zugedeckten irdenen Gefäßen im Trockenen auf, und hat auf diese Weise stets hinlängliche gute Hefen.

Dieses ist zwar eine Methode, wodurch man sich so viele Hefen in Vorrath machen kann, als man will; allein es ist doch nicht rathsam; die Hefen zu trocknen, denn wenn sie einmal trocken geworden sind, so thun sie wenig oder gar keine Wirkung mehr. Dahingegen halte ich es für gerathener, das natürliche Ingrediens selbst dazu zu nehmen, wovon die Hefen ihren Ursprung haben. Man nehme daher Malz, es sey von Gerste oder Weitzen, lasse es mahlen, so hat man die rechte Masse, die dazu gehöret.

Von diesem Mehl nehme man ungefähr vier Pfund, darauf gieße man laues Wasser, und maische es damit ein, als wenn man brauen will; nach einer halben Stunde gieße man kochendes Wasser zu, und rühre es im Zugießen wohl durch, damit es gut zerfließe, und sich auflöse; zwey Stunden lasse man es zugedeckt stehen, dann gieße man kaltes Wasser zu, mache es stellrecht, und gebe die Hefen, wie oben beym Brauen gesagt worden. Man verfähret in allen Stücken so wie beym Brauen, man nimmt die Hefen oben ab, wie dort, und sammlet sie.

Wer dies zum erstenmal versucht, und eine solche Masse in der Gährung sieht, der wird kaum glauben können, daß sie wieder werde klar werden; allein man lasse sich nur nicht irre machen, es hat keine Noth, nach der Gahre wird es so klar, als anderes Gebrauenes.

Da indessen die Hefen, wenn man alles rein ausmahlen läßt, zu grob werden, so kann man nur das feine Mehl ausschlagen lassen, und das übrige nach der alten Art abbrauen.

Von

Von vier Pfund Malzmehl bereitet man zwölf Kannen guten, klaren Essig; man muß folglich mit dem was auf den Hefen bleibt, und mit dem Mehl seine Rechnung auf sechszehn bis achtzehn, auch wohl bis zwanzig Kannen machen. Man kann auch mehr als vier Pfund auf einmal nehmen; mehr gähret besser als wenig. Nachdem es nun Gersten oder Weitzenmalz ist, auch fein oder grob gemahlen; nachdem es Oberhefen oder Unterhefen sind, gut oder schlecht gegohren hat, darnach hat man feine oder grobe Sorten von Hefen. Ist nun die Gährung nicht gut von statten gegangen, so sind die Hefen nicht gut brauchbar; der Essig indessen wird doch gut; deshalb aber darf man die Hefen eben nicht wegwerfen, wiewohl man es könnte, weil man sie umsonst hat, und der Essig schon Mühe und alles bezahlt; sie können auf eine andere Art noch brauchbar gemacht werden.

Man brauet etwa einen Scheffel Malz, stellet die Würze mit guten Hefen, und wenn die Gahre beginnet, thut man die unbrauchbaren Hefen hinzu, so gähren sie alle damit ab, und werden mithin alle gut.

Ob die Gährung gut gewesen sey, erkennet man daran, wenn man die Hefen ruhig hinstellet, das Flüssige sich oben bald setzt, und recht klar wird, die Hefen zu Boden fallen, so daß man das Flüssige klar abgießen kann, so ist es ein Merkmal, daß es gut gegohren hat; gießen sich aber die Hefen fast alle mit dem Flüssigen ab, so ist es das Gegentheil, und die Hefen taugen nicht.

Hefen, wenn sie lange dauern sollen, giebt man oft frisches Wasser, und stellet sie in Keller, so kann man sie lange erhalten; zum Brauen aber werden frische erfordert.

Wer nun nach dieser Anweisung verfähret, der kann sich auf eine leichte Art Essig brauen, ohne eine große Anstalt dazu zu haben; auch derjenige, der ein Gewerbe davon machen will, wird Nutzen genug haben, und es kann den, der nur einen einzigen Scheffel Gerste daran wendet, sein Geld nicht gereuen, weil er an dieser Wenigkeit dasselbe mit doppeltem Nutzen wieder erwerben kann.

Obgleich bey dieser Methode die Hefen die mehrste Zeit gut gerathen, so trägt es sich doch zuweilen zu, daß sie umschlagen, weil es mit der Gährung nicht recht fort wollte; alsdann aber verliert man doch nichts dabey, indem doch noch Essig gewonnen wird, der den Schaden vollkommen ersetzt. Dem besten Meister geräth oft eine Sache nicht nach Wunsche, vielweniger Backen und Brauen, wo es bald an den Ingredienzien liegt, bald an einem Versehen, das man einsehen kann, und dann wohl zuweilen an Dingen, worauf man nicht denkt. Wem also etwa zum erstenmale die Hefen umschlagen sollten, der darf nicht glauben, daß es immer geschehen werde.

5) **Die Destillation des Weinessigs.** Die Operation, welche man das Destilliren nennet,

net, ist keiner besondern Innung eigen, folglich kommt das, was hier über die Destillation des Weinessigs gesagt werden soll, eben sowohl dem Essigbrauer als dem Scheidekünstler, ja allen andern Künstlern zu, die dieses Produkt der Destillation nöthig haben. Die verschiedenen Prozesse, destillirten Weinessig zu erhalten, sind kürzlich folgende:

a) In Retorten. Man setzt in einen Sandbadofen eine oder zwey gläserne, oder steinerne Retorten, die zehn bis zwölf Pinten fassen können; man füllet in jede neun Pinten Weinessig und erhitzet sie stufenweise, doch hinlänglich genug, daß der Essig ins Kochen komme, in welcher Hitze man sie erhält, und das Produkt in Vorlagen auffängt, die am Halse einer jeden Retorte angeleget sind. Sobald die Retorten mit weißen Dämpfen erfüllet werden, oder sich ein empfindbarer Feuergeruch verbreitet, so hemmt man das Feuer, ja sogar die Destillation, indem man die Retorten mit kaltem Sande überschüttet.

Dieser Prozeß giebt von neun Pinten ungefähr sechs Pinten säuerliche Flüßigkeit, die schwerlich mit Essig verglichen werden kann, noch weniger aber mit den Ueberbleibseln in der Retorte. Wer indessen das Bleyweiß vortheilhaft anbringen kann, der kann freylich destillirten Weinessig erhalten, indem er eine Bleyzuckerauflösung, woraus das Bley vorher mittelst der Vitriolsäure geschieden worden, destilliret. Allein Bleyvitriol ist kein gangbárer Hondelsartikel; soll man nun erst Bleyzucker und Vitriolöl dazu kaufen, so möchte die Bereitung eben nicht viel einbringen.

Einige pflegen diesen destillirten Essig zu rectificiren, indem sie ihn bis auf ein Drittheil abdampfen, und diesen Ueberrest, welcher in der That sehr sauer ist, aufheben; er hat aber jenes gewürzhafte Wesen verlohren, welches bloß in den ersten Dämpfen seinen Sitz hat, die wie Weingeist in Striefen herübergehen, so bald der Essig zu kochen anfängt. Diese Striefen sind vielleicht nicht Weingeist, doch sind sie gewiß aromatisch.

b) In Kolben. Man nimmt, statt der Retorten, Kolben, die man mit Helmen versieht, und verfähret eben so. Doch müssen die gläsernen oder steinzeugenen Kolben niedrig, weithälsicht, und die Hälse konisch gespitzt, und mit einer Traufrinne versehen seyn, wenn sie hierzu dienen sollen; dann sind sie aber auch wirklich brauchbar.

c) In der Blase. Man bedeckt eine kupferne und verzinnte weithälsige Blase mit einem gläsernen oder wohlgebrannten irdenen Helm, und treibt den Essig aus freiem Feuer. Die Destillation geht geschwinder vor sich, man erhält ein saureres Produkt, und der Essig, was auch gewisse Zärtlinge sagen mögen, macht bey diesem Verfahren eben so wenig das Zinn los, als die Schwefelsäure das Bley zerfrißt, worin man sie entwässert. Sollte man auch einige Zerfressung argwöhnen,

nen, so ist doch das metallische Salz viel zu schwer, als daß es in den Helm steigen sollte, welcher von Glas oder Thon ist.

6) Der Kräuteressig. Die wohlbekannte Eigenschaft einiger Gewächssubstanzen, daß sie sich in Wein und Weinessig auflösen, hat der Industrie Mittel an die Hand gegeben, dem Luxus zu schmeicheln, und ihm gewürzhafte und Kräuteressige ohne Zahl darzubieten. Bey diesen Arten von Essigen ist es nothwendig, daß die damit zu verbindenden Gewürze, nach einer gewissen Aehnlichkeit unter einander, und nach Verhältnissen dazu angewendet werden, daß alle Gerüche in einen einzigen darin zusammen schmelzen, welcher nicht für ein bestimmtes Gewächs erkannt werden kann; keiner muß vor dem andern vorriechen. Was die besondern Essigrezepte anlangt, so sind sie in allzugroßer Anzahl, ihre Benennungen sind allzusehr von den Einfällen, oder der Prahlerey derer, die sie erfanden, abhängig, als daß man auch nur ein Verzeichniß davon zu geben unternehmen sollte. Wesentlich nützlich aber wird es seyn, die Vorsichtsregeln bey Bereitung dieser Gattungen von Essig anzuführen. Vorzüglich muß der weiße und beste Weinessig genommen werden, welcher weder einen widrigen noch Nachgeschmack besitzt.

Die Pflanzen, welche zu den Geruchessigen bestimmt sind, müssen zur Zeit ihrer völligen Lebhaftigkeit (in ihrer Blüthe) genommen, sorgfältig abgezupft und getrocknet, oder auch

auch nur in der Sonne abgewelkt werden; man schneidet sie dann klein, zerstößt die Saamen, und die von Natur harten Gewürze; vorzüglich sehe man dahin, daß die Menge der Ingredienzen am Gewichte nicht den vierten Theil des Essigs übersteige, den man anmachen will, und daß ihr Umfang und ihre Menge nicht die ganze Flüssigkeit verschlucke. Selten ist es, daß man mehr als vier Unzen geruchvolle Pflanzen, und mehr als eine halbe Unze, oder zwey Quentchen, irgend eines gewürzhaften Saamens zu einer Pinte Weinessig nehmen sollte. Man stellt alles in einem gläsernen oder steinzeugenen genau verstopften Gefäße etwa vierzehn Tage lang an die Sonne hin, gießt dann die Flüssigkeit ab, drückt das Ueberbleibsel aus, seihet es durch Baumwolle oder Löschpapier, und hebt den Essig in wohl verstopften Flaschen auf.

Es giebt Scharlatane, welche vorgeben, daß sie die ausgezogenen Pflanzen verbrennen, das Salz herausziehen, es zu der gewürzhaften Flüssigkeit mischen, und so ihre Essige kräftiger machen. Dieser Betrug, denn dies ist er, wird denen einleuchten, die auch nur den geringsten Begriff von Physik haben. Andere geben vor, man müsse den gewürzhaften Essig über einer frischen Menge Ingredienzen digeriren. Die Erfahrung lehret, daß eine schon mit einer gewissen Menge aufgelöseter Substanzen geschwängerte Flüssigkeit sehr unfähig sey, neue Theile auszuziehen. Ueberdies wird der Essig von einer so großen Menge Substanzen dergestalt verschlungen, daß er aufhöret, sich als Essig kenntlich zu machen; nächstdem kann man hier ohne Bedenken versichern, daß in allen Fällen, in welchen man einen gewürzhaften Essig nöthig zu haben glaubt, die Wirksamkeit desselben mehr auf der Natur der Säure, als der mit ihr vergesellschafteten Gewürze beruhe.

Nur das Einzige möchte man denen, welche Vorräthe von Kräuteressigen bereiten, rathen, daß sie zu jeder Pinte der filtrirten Flüssigkeit höchstens eine halbe Unze Weingeist hinzusetzen. Dieser Geist dienet zur innigern Vereinigung der Gewürze mit dem Essige, und verwahret letztere vor dem Umschlagen, welches sich ereignen könnte, wenn die hinzugesetzten Pflanzen zu viel Wäßrigkeit ausgegeben haben sollten.

IV. Vom Obstessig.

Saftige Früchte und Gewächse aller Art darf man nur roh gequetscht unter die Presse in einem festen Sack gebunden bringen, und den Saft mit etwas Hefen stellen, dann aber die Flüssigkeit so lange ruhig in der Gährung stehen lassen, bis sie völlig wie Wein schmeckt, eine herausgenommene Probe, bis zur Hälfte kochend verdampft, nichts Süßes mehr auf der Zunge spüren läßt, was noch hätte in Weingährung übergehen können, bis kein gährenrendes Geräusch mehr gespüret wird, der Schaum auf der Oberfläche sich nicht erneuert, sondern zertheilt zu Boden sinkt, oder doch die darunter stehende Flüssigkeit klar und hell ist.

Die auf diese Weise völlig abgegohrne Flüssigkeit wird dann ungesäumt auf die Drehtonne geschlagen, und, wie oben bey der Essigbereitung vorgeschrieben, fleissig in Bewegung gesetzt. Alsdann wird der Essig hell auf eine reine Drehtonne gezogen, und noch etwa zehn Wochen lang wöchentlich einmahl in Bewegung gesetzt, wenn er eine vollkommene Haltbarkeit bekommen soll, und nicht frisch verschenkt wird.

Größerer Haltbarkeit wegen bringt man ihn nach Verlauf dieser Zeit in einen zinnernen Kessel, worin man ihn bis zum Sude erhitzt, dann aber abgekühlt in einer reinen Tonne zugespundet, so lange man will, liegen läßt, da er dann nie verdirbt. Sollte er vor dem Ansieden noch nicht wasserhell, sondern noch etwas trübe seyn, welches bey gehörigem Verfahren unmöglich ist, so darf man nur in den kalten Essig ein mit dreymal so viel Wasser geschlagenes Eyweiß (zu zweyhundert bis dreyhundert Kannen) tüchtig rühren, beym Abkochen aber den Schaum abnehmen, da er dann völlig wasserklar werden wird.

Eben so verfähret man mit dem Weinessig sowohl als mit dem Getreideessig, wenn man ihm die Trübheit benehmen will, die fast stets eine Folge des unregelmäßigen Verfahrens ist. Unreine Gefäße, dumpfiges Malz, Mangel an Bewegung der Drehtonnen, und übermäßige Hitze bey der Wein- und Essiggährung sind die Ursachen.

Trockne Obstarten müssen zum Auspressen vorbereitet werden. Die wilden Birnen werden auf Stroh geschüttet, bis sie teigicht werden. Anderes trocknes Obst, z. B. Holzäpfel und dergleichen werden in kochendes Honigwasser, etwa der Abgang vom Wachspressen, nachdem der reine Honig schon vorher von selbst aus den Waben gelaufen ist; oder in Obstmost geworfen, und einige Zeit bis zur Erweichung gesotten. Das Honigwasser oder der Most muß deshalb vorher im Sude seyn, damit das eingeschüttete Obst umher getrieben werde, und nicht zu Boden falle und anbrenne. Ist es weich gesotten, so schöpft man es mit einem tiefen durchlöcherten Löffel aus, bringt es unter die Presse, und wirft anderes zum Weichkochen an der Stelle hinein, und kocht auf diese Art so lange, als man will, und als man Obst hat.

Alle bey Gewinnung des Wachses, und bey der Reinigung des Zuckers abfallende, dünne, süße Flüssigkeit taugen zur Wein und Essiggährung, so wie die Ueberbleibsel vom Brantweinbrennen, die Brand- und Läuterwasser zur Verfertigung des Essigs. Erstere müssen vorher zu vollkommenem Wein gegohren seyn; letztere aber brauchen nur im Keller

oft

oft in Bewegung gesetzt zu werden, um gerade zu Essig zu werden.

Ein Pfund Honig oder Mehlzucker in vier bis sechs Pfunden kochenden Wassers aufgelößt, und mit weißen Oberhefen gestellt, wird im Keller bis zur vollendeten Weingährung in vollkommener Ruhe gelassen, endlich in der Drehtonne nach öfterer Bewegung zum schärfsten Essig, der, wenn er alt ist, dem Weinessig nichts nachgiebt.

Alle süße, mehlichte und schmackhafte Säfte der Pflanzen gerathen mit Hefen (und ohne dieselben) in vollkommene Gährung, und geben dann Essig. Selbst die natürlich sauren, ja sogar die herben Pflanzensäfte reifen mit Hefen gestellt, in der Ruhe zu fast vollkommnen Weinen; Johannisbeeren, Berberizzen, Schlehen, unreifer Weinmost, Holzäpfel, vorzüglich wenn diese Säfte vor dem Hefengeben zum Punkt des kochenden Wassers erhitzt werden. Deshalb werden sie auch insgesammt auf angezeigte Art zu vollkommenem Essig.

Anhang.

Noch einige chemische und physische Bemerkungen über die Essigfabrication.

Die Weingährung stößt die Gährungsluft (fixe Luft, Luftsäure, Kreidensäure) aus, bis zur Vollendung, da der Saft wieder hell wird.

Süßigkeit scheint Gewächsschleim, innig mit Oel und Säure verbunden, zu seyn.

Weingährung ist ein Werk der Natur, die Gewächssäure mit dem brennbaren (vermuthlich producirten) Geiste so innig zu dulcificiren und zu binden, daß dieser sonst so flüchtige Geist erst in der Siedehitze des kochenden Wassers (212 Grad) losgerissen und fortgetrieben werden kann, da er, wenn er allein und frey ist, schon bey 185 Grad ins Sieden kömmt und verraucht.

Der Wärmegrad von 50 bis 65 ist der dienlichste zur Wein- und Essiggährung, wiewohl beyde in einem weit höhern (bis 110°) Grade zwar geschwinder und reissender beendiget werden können, aber eben deshalb ein untaugliches Produkt geben, da die erstere darin schon anfängt Essig, oder gar eine schale Flüssigkeit zu werden, ehe sie noch völlig Wein geworden ist; die Essiggährung aber bey solcher Hitze schon in die schale oder faule Gährung (ein trübes Gemisch) übergeht, ehe sie vollkommenen Essig zu Stande gebracht hat.

Zwischen dem 80sten und 110ten Grade scheint die schale und faule Gährung am glücklichsten beendigt zu werden; doch geht sie auch, unter gehörigen Umständen (in phlogistisirter Luft und Ruhe, und bey faulichtem Fermente) vom 65sten Grade an schon ziemlich von statten.

Die Seele der weinichten und faulen Gährung ist Ruhe (die sie von außen hat); Bewegung hingegen ist das stärkste Hemmungsmittel beyder, vorzüglich der letztern.

Die größte Verhinderin der Essiggährung ist Ruhe (von außen), im strengsten Verstande; Bewegung aber ihre Seele.

Da man so selten die mechanische Bewegung zur Erzeugung des Essigs hat anzuwenden gewußt, so mußte man, um diesen Mangel zu ersetzen, eine innere, eigenthümliche Bewegung in der Weinflüssigkeit durch Hitze erzeugen, wodurch der Nachtheil verursacht ward, auf der einen Seite eine Menge des zur Essigwerdung so nöthigen geistigen Wesens zu verdampfen, und so seinen Essig zu verschwächen; auf der andern Seite aber der Flüssigkeit den Anfang zur faulen Gährung beyzubringen. Die Hitze macht die werdende Essigflüssigkeit vermögend eine Menge thierischen Glutens aufzulösen. Daher die gewöhnliche fast unvertilgbare Trübheit des in der Hitze erzeugten Essigs, sein Geruch nach ranzichtem Oele, und die Neigung umzuschlagen.

Kühle

Kühle Essiggährung (bey 52 bis 65 Grad) scheidet alle grobe Oeltheile und allen thierischen Leim als Flecken aus, und die bis zu Ende auf der Flüssigkeit sich erzeugende Haut ist von ähnlicher Natur. Die Menge der abgesonderten Theile, (die folglich nicht im kalten Wasser oder Essig aufgelöst erhalten werden können) ist bey kalt bereitetem hellen Essig größer, als die bey dem trüben, faulichten, in großer Hitze bereiteten.

Wer demnach allen Essig aus seiner weinichten Flüssigkeit ziehen, und ihn stark und haltbar machen will, der vermeide die Hitze, und wende mechanische Bewegung an. In der Drehtonne muß zwischen dem verschlossenen Spunt, und der Oberfläche der weinichten Flüssigkeit stets ein Vakuum voll atmosphärischer Luft bleiben, die durch das Schütteln innig damit gemischt werden kann, in einem Verhältnisse zu ersterer, wie 1. 40 bis 50. Nach jedesmahl beendigtem Umdrehen wird der Spunt eröffnet, um die oben stehende Luft zu erneuern. In eingeschlossener Luft lange geschüttelt, bekommt der Essig einen Nebengeruch und Nachgeschmack; oft erneuerte Luft ist ihm das zuträglichste, und Feuerluft scheint seine Erzeugung am meisten zu befördern.

Des in Essigbüchern so gewöhnlichen Widerrathens der Bewegung ungeachtet, kann die mechanische Bewegung bey der Bereitung des Essigs nicht leicht zu häufig oder zu stark seyn.

Essig ist das stärkste und einzige Essigferment, wenn man eins bedarf. Wein in einer Essigtonne geschüttelt, wird einige Tage eher zu Essig, als der in einer neuen; wiewohl letzterer nicht weniger vollkommen, als ersterer wird.

Alle andern sogenannten Essigmütter und Essigarkane sind schädliche Windbeuteleyen, und den Rezepten zum Partikular oder Universal in der hermetischen Lügenkunst so ähnlich, als ein Ey dem andern.

Weil das Malzen ein Anfang des Wachsens oder der geistigen Gährung ist, deshalb ist Malz ungleich besser, als rohes Schroot, und zum Bier-, wie zum Brantwein- und Essigbrauen unentbehrlich.

Die Darre verflüchtiget einige kräftigen Theile des Malzes, und macht das darin herrschende Pflanzenöl empyreumatisch; die daraus gezogene Würze ist daher minder zur Gährung geneigt, überdies bräunlich, und mit Röstegeschmack geschwängert; taugt folglich nicht zur Bereitung eines farbelosen Essigs.

Luftmalzwürze braucht weniger Hefen zur Gahre, als Darrmalz in einem Verhältnisse, wie 8. 13. Erstere gähret geschwinder und vollkommener, und ist leichter, gewisser und wohlfeiler in die Wein- und Essiggährung zu bringen. Aus allen diesen Gründen ist Luftmalz zu unserm Behufe vorzuziehen.

Wasser aus tiefen Brunnen verdichtet das Gewebe der Gewächssubstanzen; deshalb sind

Erbsen, Linsen und Bohnen, so wie andere Gemüse, in einem recht harten Wasser nicht leicht, oder wohl gar nicht weich zu kochen, seiner in Luftsäure aufgelößten Kolkerde wegen, eines, in Menge angewandt, sehr styptischen Salzes. Deshalb taugt hartes Wasser nicht zur Weingährung. Durch Sieden und nachmaliges Stehen an freyer Luft wird hartes Wasser weich.

Das Malz darf zuerst nur mit so viel Wasser angerührt werden, als zum festen Teige hinlänglich ist. Nur in dieser Konsistenz können alle Klümpchen wohl auseinander gerührt, und alles Auszugsfähige innig dem Wasser einverleibet werden. Mandeln mit wenig Wasser gerieben, lösen sich leicht zur Milch lauf, mit vielem, schwer oder gar nicht.

Grob geschrootenes Malz läßt bloß seine auflösbaren und extractiven Bestandtheile ins kochende Wasser übergehen, da das feine sich leicht zusammenklümpt, und sein Mehl in Substanz gehen läßt; welches keine klare und helle Würze durch den Seihebottig giebt.

Register

der in allen 17 Sammlungen enthaltenen Handwerke und Künste.

Die erste Zahl zeigt die Sammlung, die zweyte den Abschnitt und die dritte die Seite an.

Gü=

Schrift-

Der Kohlenbrenner.

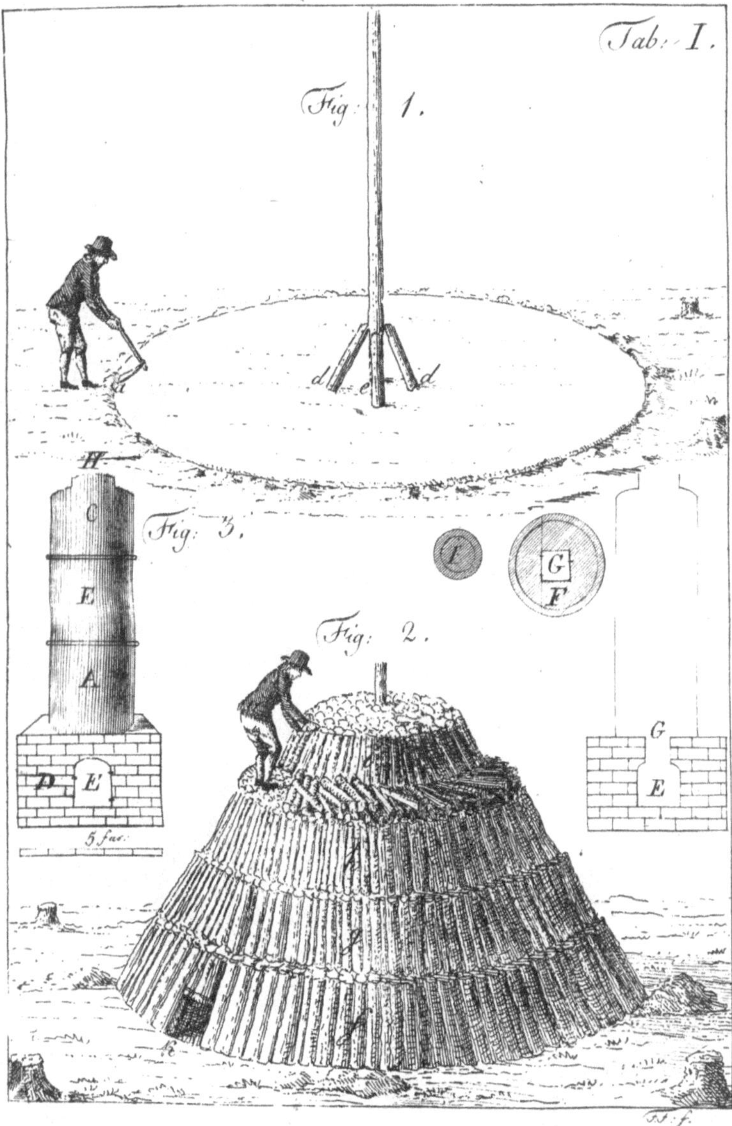

J.J. f.

Der

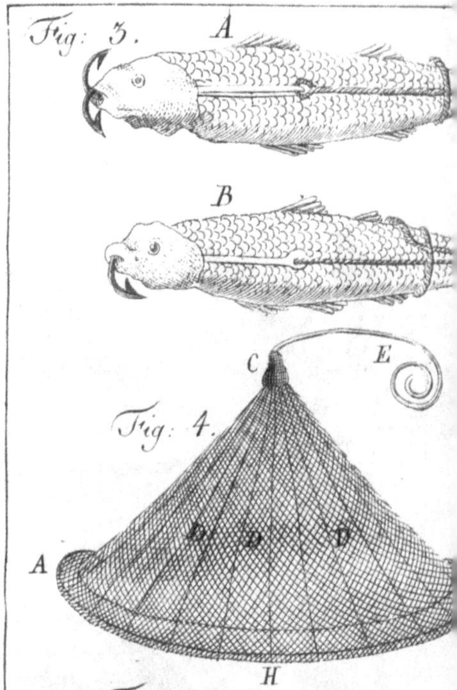

er.

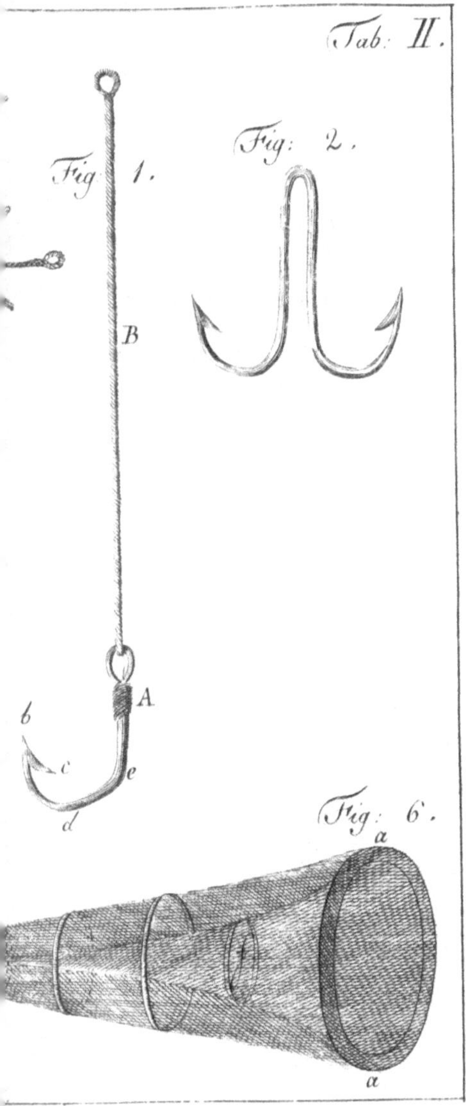

Der Essigbrauer.

Tab: III.

Fig: 1.

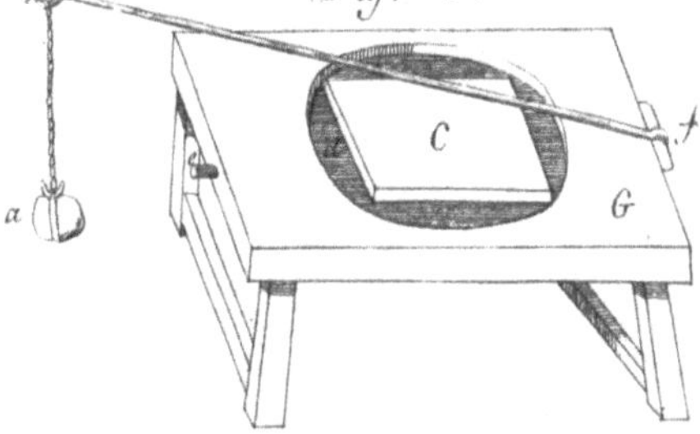

Fig: 2.

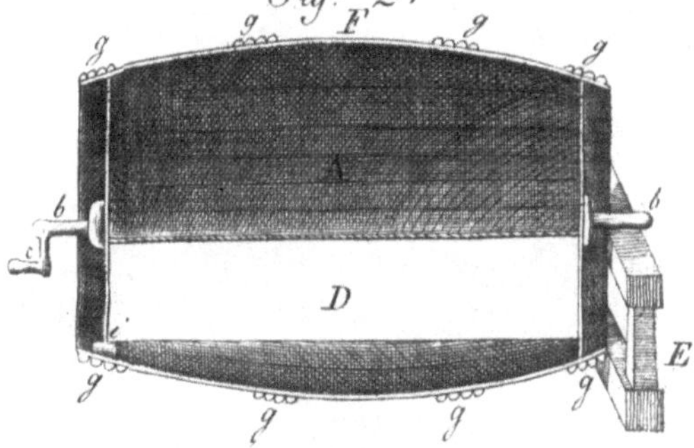

Fig: 3.

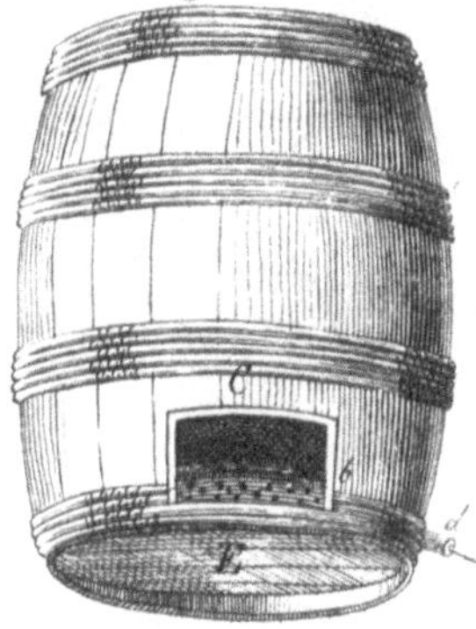

FSC
www.fsc.org
MIX
Papier | Fördert
gute Waldnutzung
FSC® C083411

Zeitfracht Medien GmbH
Ferdinand-Jühlke-Straße 7
99095 Erfurt, Deutschland
produktsicherheit@kolibri360.de